普通高等教育"十三五"规划教材
电气工程、自动化专业规划教材

# 电动机及其计算机仿真

刁统山 著

电子工业出版社
Publishing House of Electronics Industry
北京·BEIJING

# 前　言

　　本书是为满足电气工程专业中电机与电器学科体系的需要而编写的。书中整合了电机学、电机控制和电机仿真三者的基本知识，简要介绍了三者的基本理论并举例进行了说明，既有适合初学者的简单理论和仿真，又有一些需要创新能力的内容。本书按照工程认证和新工科背景的要求，以培养学生的工程实践能力和创新意识为主线，充分体现了理论和实践的完美结合，使学生达到"学中做"和"做中学"的统一，提高学生学习该门知识的自觉性和积极性。

　　电动机分析设计和控制技术是工科学生必须掌握的一项重要技术，然而，该门技术理论相对枯燥和抽象，为此，在教学和科研中采用了仿真分析技术。对于初学者来说，一般不需要花大量精力和时间去专门学习仿真的理论，只需要掌握电动机的基本理论，采用软件提供的相应控制仿真模块进行电动机的建模和仿真设置，就可以快速实现电动机的相关研究。

　　目前电动机的设计和仿真软件包括 MATLAB/Simulink 和 Ansoft 等，它们各有侧重：在 MATLAB 中，电动机各组件可通过编程或通过 Simulink 模块库搭建模型来实现电动机的数字仿真；而 Ansoft 软件偏重于电动机的结构和电磁场的计算，在 Ansoft 软件中，可以对电动机的本体结构进行优化设计。

　　本书共分 8 章，内容包括电动机的基本概念和仿真分析技术，变压器和直流电动机的基本理论，三相同步电动机和永磁同步电动机的理论，交流电动机的矢量控制和异步电动机的直接转矩控制，MATLAB 和 Ansoft 仿真基础，交流电动机和永磁同步电动机 Ansoft 仿真，变压器和电动机的 MATLAB 仿真分析，特殊结构永磁电动机建模和直接功率控制。本书借助 MATLAB/Simulink 和 Ansoft 仿真软件，通过大量实例对电动机及其相关理论做了较为详细的仿真研究和分析。

　　本书的写作得到了齐鲁工业大学（山东省科学院）电气工程与自动化学院领导和同事的大力支持和帮助，在此表示衷心的感谢，也感谢电子工业出版社为本书的出版所做的工作。

　　本书的编写参考和借鉴了国内外大量的文献和研究生的论文资料，在此一并表示衷心感谢。尽管本书列出了参考文献，但是难免遗漏，再次对相关作者表示歉意。由于作者水平有限，加之时间仓促，不妥之处在所难免，恳请各位专家和学者批评指正。

作　者

2019 年 1 月

# 目　　录

## 第1章　绪论 ······················································································· 1
### 1.1　电动机及电力传动 ····································································· 1
### 1.2　负载特性及系统运动方程 ························································· 4
#### 1.2.1　生产机械的负载特性 ··················································· 4
#### 1.2.2　电力拖动系统运动方程 ··············································· 5
### 1.3　电动机控制基础 ········································································· 6
#### 1.3.1　自动控制系统 ······························································· 6
#### 1.3.2　电动机的控制技术 ······················································· 7
### 1.4　电动机仿真分析 ········································································· 8
#### 1.4.1　电动机的有限元设计仿真 ··········································· 8
#### 1.4.2　电动机控制的计算机数字仿真 ··································· 9

## 第2章　电动机基本理论 ································································· 10
### 2.1　磁路基本知识 ············································································ 10
### 2.2　变压器 ······················································································· 11
#### 2.2.1　变压器的基本工作原理 ·············································· 11
#### 2.2.2　变压器的空载运行 ······················································ 13
#### 2.2.3　变压器的基本参数 ······················································ 14
#### 2.2.4　变压器的运行特性 ······················································ 15
#### 2.2.5　损耗与效率 ·································································· 15
#### 2.2.6　三相变压器 ·································································· 16
### 2.3　直流电机的基本工作原理 ························································ 18
#### 2.3.1　直流发电机的基本工作原理 ······································ 18
#### 2.3.2　直流电动机的基本工作原理 ······································ 19
#### 2.3.3　直流电动机的空载磁场 ·············································· 19
#### 2.3.4　直流电动机的负载磁场 ·············································· 20
### 2.4　直流电动机方程 ········································································ 23
#### 2.4.1　电动势与电磁转矩 ······················································ 23
#### 2.4.2　电动势、功率和转矩平衡方程式 ······························ 23
### 2.5　三相异步电动机的结构 ···························································· 25
### 2.6　电动机原理 ················································································ 27
### 2.7　三相异步电动机的机械特性 ···················································· 28
#### 2.7.1　电磁转矩 ······································································ 28
#### 2.7.2　电动机的机械特性 ······················································ 29
### 2.8　三相异步电动机的控制 ···························································· 29

  2.8.1 三相异步电动机的启动 ············································· 29
  2.8.2 三相异步电动机的调速 ············································· 30
  2.8.3 三相异步电动机的反转 ············································· 31
  2.8.4 三相异步电动机的制动 ············································· 31
 2.9 常用低压电器 ································································ 31
  2.9.1 手动开关 ································································ 32
  2.9.2 按钮 ······································································ 33
  2.9.3 交流接触器 ···························································· 33
  2.9.4 继电器 ··································································· 34
  2.9.5 熔断器 ··································································· 36
  2.9.6 自动空气开关 ························································· 37
 2.10 笼型电动机的直接启动 ··················································· 37
  2.10.1 笼型电动机的点动控制电路 ······································ 38
  2.10.2 笼型电动机的长动控制电路 ······································ 39
  2.10.3 笼型电动机的正反转 ··············································· 39
  2.10.4 笼型电动机的联锁控制 ············································ 40
  2.10.5 行程（限位）控制 ·················································· 41
  2.10.6 时间控制 ······························································ 42

# 第3章 三相同步电动机和永磁同步电动机 ··································· 44
 3.1 三相同步电动机 ····························································· 44
  3.1.1 三相同步电动机的工作原理和结构 ······························· 44
  3.1.2 三相同步电动机的电磁关系 ······································· 45
  3.1.3 三相同步电动机的功率关系与矩角特性 ························ 49
  3.1.4 三相同步电动机功率因数的调节 ································· 53
 3.2 永磁同步电动机 ····························································· 55
  3.2.1 永磁同步电动机的结构 ············································· 55
  3.2.2 永磁同步电动机的运行原理 ······································· 57
  3.2.3 永磁同步电动机振动机理及其分析方法研究 ·················· 59
  3.2.4 基于能量法的电动机齿槽转矩削弱原理 ························ 63

# 第4章 电动机的控制技术 ························································· 65
 4.1 三相异步电动机的动态数学模型 ······································· 65
  4.1.1 磁链方程 ······························································· 66
  4.1.2 电压方程 ······························································· 67
  4.1.3 转矩方程和运动方程 ················································ 68
 4.2 交流电动机的矢量控制技术 ············································· 68
  4.2.1 矢量控制的原理 ······················································ 68
  4.2.2 坐标变换与矢量变换 ················································ 70
  4.2.3 矢量变换控制调速系统 ············································· 72
  4.2.4 数字化矢量控制系统设计 ·········································· 76

4.3 直接转矩控制（DTC） 78
    4.3.1 异步电动机的直接转矩控制 78
    4.3.2 直接转矩控制异步电动机的数学模型 81

# 第5章 电动机 MATLAB 和 Ansoft 仿真基础 83
5.1 MATLAB 的系统开发环境 83
5.2 MATLAB 常用命令 85
5.3 Simulink 简介 85
    5.3.1 Simulink 概述 85
    5.3.2 Simulink 简单操作 86
    5.3.3 SimPowerSystems 工具箱 88
    5.3.4 Simulink 运行 89
5.4 MATLAB 简单仿真算例 91
5.5 电动机模型的绘制及仿真设置 94
    5.5.1 Ansoft 电动机仿真启动 94
    5.5.2 具体建模过程 96
    5.5.3 材料属性与管理 102
    5.5.4 边界条件和激励源设置 105
    5.5.5 网格剖分和求解 106

# 第6章 电动机 Ansoft 有限元仿真 109
6.1 三相感应电动机的仿真分析 109
    6.1.1 电动机几何模型创建 109
    6.1.2 电动机仿真参数设置 114
    6.1.3 仿真结果及分析 116
6.2 永磁无刷直流电动机的仿真分析 117
    6.2.1 电动机几何模型创建 117
    6.2.2 电动机仿真参数设置 122
    6.2.3 仿真结果及分析 123
6.3 永磁同步电动机齿槽转矩有限元仿真 125
    6.3.1 永磁同步电动机本体构建 125
    6.3.2 齿槽转矩仿真参数设置 129
    6.3.3 仿真结果及分析 129

# 第7章 电动机 MATLAB 数值仿真 132
7.1 三绕组变压器仿真 132
    7.1.1 三绕组变压器带负载模型的建立 132
    7.1.2 仿真模块参数设置 132
    7.1.3 仿真结果及分析 134
7.2 启动仿真 135
    7.2.1 串电阻启动建模 135

  7.2.2 仿真模块参数设置 ·············································································· 138
  7.2.3 仿真结果及分析 ·············································································· 140
 7.3 交流电动机基于空间矢量 PWM 仿真 ······················································· 141
  7.3.1 感应电动机空间矢量控制模型建立 ······················································ 141
  7.3.2 仿真模块参数设置 ·············································································· 142
  7.3.3 仿真结果及分析 ·············································································· 145
 7.4 感应电动机磁场定向控制 ······································································· 147
  7.4.1 感应电动机磁场定向控制模型建立 ······················································ 147
  7.4.2 仿真模块参数设置 ·············································································· 148
  7.4.3 仿真结果及分析 ·············································································· 151

# 第 8 章 特殊结构永磁电动机研究 ··································································· 153
 8.1 特殊结构永磁电动机的结构和运行原理 ··················································· 153
 8.2 电动机的建模 ······················································································ 153
  8.2.1 电动机有限元模型 ·············································································· 153
  8.2.2 在三相坐标系下的数学模型 ································································· 154
  8.2.3 在任意速坐标系下的数学模型 ······························································ 156
  8.2.4 两相旋转坐标系数学模型 ···································································· 157
  8.2.5 电动机仿真建模及控制分析 ································································· 159
 8.3 直接功率控制 ······················································································ 163
  8.3.1 瞬时功率理论 ···················································································· 163
  8.3.2 理想逆变器的数学模型和电压空间矢量 ················································· 164
  8.3.3 特殊结构永磁电动机直接功率控制原理分析 ·········································· 165
  8.3.4 特殊结构永磁电动机的直接功率控制 ···················································· 170

# 参考文献 ······································································································ 174

# 第1章 绪 论

## 1.1 电动机及电力传动

电能是世界上应用最广泛的二次能源，它具有便于生产、传输、变换和控制等优点，利用电动机实现电力拖动是工业中完成加工工艺和生产过程的关键手段。电动机借助于内部电磁场进行能量转换，是一种机电能量转换装置。

交流电动机有诸多优点，如结构简单，制造、使用和维护方便，运行可靠，成本低，效率高等，所以它在国民经济各行业的应用非常普遍。随着现代工业生产规模的不断扩大，交流电动机的容量也增至数千千瓦。三相异步交流电动机的主要作用是拖动各种生产机械旋转。

从能量角度看，旋转电动机是一种机电能量转换装置。电动机借助内部电磁场将输入的电能转换为机械能输出。因此，电磁场在电动机内部起到了相当重要的作用。为了熟悉和掌握电动机的运行理论与特性，就必须熟悉有关电磁学的基本知识与电磁学定律。

一般来讲，对于电磁场进行分析采用两种方法：一种是场的分析方法；另一种是路的分析方法。后者是一种宏观分析方法，它将闭合磁力线所经过的路径看作由几段均匀磁路组成，然后将磁路问题等效为电路问题，最终统一求解电路。尽管这种方法在准确性方面存在一定的限制，但由于其计算简单，计算精度也足以满足大部分工程实际需要，因而得到了广泛应用。

要想实现电动机与生产机械的合理匹配，首先就需要对电动机本身的运行机理进行深入的研究。电动机主要是借助磁路和电路的耦合而工作的，依据电磁感应原理实现电能到机械能的转换。在实际工程中，对于电磁场的研究，采取场路结合的方法进行电磁场仿真。由于其计算简单，计算精度也能满足工程需要。

由电动机带动生产机械运动的系统称为电力拖动系统。对电力拖动系统的评价，首先取决于对生产机械的要求是否得到了充分的满足，电力拖动系统的工作状态取决于电动机和负载机械特性之间的比较，所以正确地分析电动机和拖动系统负载的机械特性是关键。

电力传动技术的发展受电力电子技术发展的影响很大。晶闸管和直流斩波器是电力传动中比较常见的电力电子器件。目前直流脉宽调速技术依托 GTO、GTR 等全控型器件和 PWM 技术获得普遍应用。而全控型器件和 PWM 技术的发展，也为交流调速系统提供了强有力的支撑。PWM 技术中以 SPWM 技术应用最多。除了电力电子技术以外，电力传动技术的发展还和德国科学家首次提出的矢量控制的基本思想密切相关，矢量控制技术和后来出现的直接转矩控制技术的成功运用，使得交流传动系统获得了可与直流传动系统相媲美的良好性能。变频调速技术得到了广泛应用。

电力传动有直流传动和交流传动两大类。此外，它还可以分为以速度为控制目标的调速系统和以位置为控制目标的位置随动系统。

直流电动机的结构复杂，特别是存在机械换向器和电刷，具有容易产生火花的缺点，所以交流电动机占据了更多的应用领域。随着交流变频调速性能、启动制动性能，以及高效率、高功率电力电子技术和自动控制技术的不断成熟，交流电动机传动应用已成为主流。

电动机是传动系统的核心驱动设备，使机械设备按照生产工艺要求完成生产任务就是电力传动。常见的电力传动系统组成包括电动机、传动机构、控制设备和电源。利用电动机的旋转将电能转换为机械运动，让机械按照要求的工艺过程完成特定的生产任务。电源为传动系统提供必需的能量。因为电动机的转轴速度较高，所以它与工作轴之间通常需要通过联轴器或齿轮等传动和减速机构来连接。

电动机在国民经济中起着举足轻重的作用。它以电磁场作为媒介将电能转变为机械能，实现旋转或直线运动；或将机械能转变为电能，给用电负荷供电。因此，电动机是一种典型的机电能量转换装置。

电动机的种类繁多，除了传统的直流电动机、交流电动机及功率在 1kW 以下的驱动微电动机之外，还有一类是以实现信号转换为目的的电动机，这类电动机又称为控制电动机。控制电动机包括伺服电动机、测速发电机、力矩电动机、旋转变压器、自整角机、直线电动机及超声波电动机等。

随着相关技术的发展，电力拖动系统的功能也越来越完善。它不仅可以实现生产机械的速度调节，而且可以实现位置的跟踪控制。具有跟踪控制功能的系统也称为位置伺服系统或随动系统。

现代制造业水平的不断提高，要求电动机的设计和制造水平也不断提高。电动机的制造发展趋势有以下三点。

（1）大型化。复杂设备的驱动需要单台电动机的容量不断扩大。

（2）微型化。精密的小型设备或伺服电动机控制设备，电动机的体积不断减小，电动机的控制精度要求不断提高，质量也越来越轻。

（3）采用新原理、新工艺、新材料的特种高性能电动机出现，如无刷直流电动机、开关磁阻电动机、直线电动机、超声波电动机等。

随着电力电子技术、控制理论、可以实现各种软算法的微处理器技术、电气与机械信号检测技术、数字信号处理技术及永磁材料等方面的迅猛发展，电动机领域也面临着前所未有的机遇与挑战。一方面，这些技术和理论对电动机领域的综合渗透改变了传统电动机采用固定频率、固定电压的供电模式，从而为各类电动机提供了更加灵活的供电电源和控制方式，大大提高了电力拖动系统的动、静态性能；另一方面，也使得仅以处理正弦波为基础的传统电机学理论受到挑战。于是，能够建立各类电动机数学模型的电机统一理论便应运而生。以此为基础，采用统一矢量变换理论的矢量控制技术在伺服系统和变频调速系统中得到了广泛应用。这一迹象表明，电机学理论与技术进入了一个全新的发展阶段。

从结构上看，电力拖动系统经历了最初的单台电动机拖动一组机械、单台电动机拖动单台机械到单台设备中采用多台电动机几个阶段。每一阶段生产机械所采用电动机的数量有所不同。从系统上看，电力拖动系统经历了最初仅采用继电器-接触器组成的断续控制系统，到后来普遍采用由电力电子变流器供电的连续控制系统两大阶段。连续控制系统包括由相控变流器或斩波器供电的直流电力拖动系统，以及由变频器或伺服驱动器供电的交流调速系统两大类。后者包括由绕线式异步电动机组成的双馈调速系统、由异步与同步电动机组成的变频调速与伺服系统等。

随着电力电子技术、控制理论及微处理器技术的发展，电力拖动系统的性能指标也上了一个大台阶。它不仅可以满足生产机械快速启动、制动及正、反转的要求,而且还可以确保整个电力拖动系统工作在较高的调速、定位精度和较宽的调速范围内。这些性能指标的提高使得设备的生产率和产品质量大大提高。除此之外,随着多轴电力拖动系统的发展,过去许多难以解决的问题也变得迎刃而解,如复杂曲轴、曲面的加工,机器人、航天器等复杂空间轨迹的控制与实现等。

目前,电力拖动系统正朝着网络化、信息化方向发展,包括现场总线、智能控制策略及因特网技术在内的各种新技术、新方法均在电力拖动领域得到了应用。电力拖动的发展真可谓日新月异。考虑到电力拖动系统是各类自动化技术和设备的基础,其理论与技术的发展必将对我国当前的现代化进程起到巨大的推动作用。

电动机控制技术是随着生产力的发展而发展的。19世纪末,电动机逐渐代替蒸汽机作为拖动生产机械的原动机。一个多世纪以来,虽然电动机在基本结构上并没有大的变化,但是电动机的类型却得到了很大发展,在运行性能、经济指标等方面也都有了很大的改进和提高。而且,随着自动控制理论和电力电子技术的发展,形成了多种类型的电动机控制系统。电动机控制系统一般由控制器、电动机、传动机构、负载和电源五部分组成,如图1.1所示。

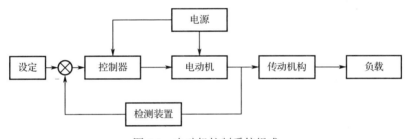

图 1.1 电动机控制系统组成

### 1. 电源

电源为被控对象电动机和控制器提供能源,有交流电源和直流电源两种。其中,直流电源分为以下三种类型。

(1) 旋转变流机组。用交流电动机和直流发电机组成机组,以获得可调的直流电压。

(2) 静止式可控整流器。采用静止式的可控整流器,以获得可调的直流电压。

(3) 直流斩波器或脉宽调制变换器。用恒定直流电源或不可控整流电源供电,利用电力电子开关器件斩波或进行脉宽调制,以产生可变的平均电压。

### 2. 设定

设定值与检测装置的反馈值比较后,会产生控制电动机转速的偏差控制量,作为控制器的输入。

### 3. 控制器

控制器是电动机控制系统的核心。它能够把检测装置的反馈信号和其他输入信号进行分析、处理,然后按照预先设定的程序向控制对象发出控制指令,使整个电动机控制系统完成一定的生产任务。

**4. 电动机**

电动机是整个控制系统的被控对象，它严格按照控制器发出的指令运行，以完成不同要求的生产任务。

**5. 传动机构**

传动机构是在电动机与生产机械的负载之间传递动力的装置，如齿轮箱、传送带、联轴器等设备。

**6. 检测装置**

检测装置的功能是对电动机的转速信号及系统的电压、电流等物理量信号进行检测，并把这些物理量信号转变为相应的电信号反馈到控制器。

## 1.2 负载特性及系统运动方程

### 1.2.1 生产机械的负载特性

电力拖动系统是电动机和生产机械组成的可以完成一定生产工艺的整体。单轴电力拖动系统的运动方程表明了电动机的电磁转矩 $T$ 与生产机械的负载转矩 $T_L$ 和系统转速 $n$ 之间的关系。负载的机械特性反映同一转轴上转速与负载转矩之间的函数关系，也就是 $n=f(T_L)$。通常情况下，生产机械的负载特性一般可以分为以下三类。

**1. 恒转矩负载特性**

该类负载的机械特性表现为负载转矩 $T_L$ 的大小与转速 $n$ 无关。按照负载转矩的方向是否与转向有关，恒转矩负载进一步分为两类，即反抗性和位能性。

1）反抗性

该类负载转矩的大小恒定不变，而负载转矩的方向总是与旋转的方向相反，即负载转矩始终是阻碍运动的，如起重机的行走机构、皮带运输机等。如图 1.2 所示，对于桥式起重机行走机构的行走车轮，其在轨道上的摩擦力总是和运动方向相反的。根据转矩正方向的约定可知，反抗转矩恒与转速 $n$ 取相同的符号。即 $n$ 为正方向时 $T_L$ 为正，特性曲线在第一象限；$n$ 为负方向时 $T_L$ 为负，特性曲线在第三象限。

2）位能性

该类负载不仅负载转矩的大小恒定不变，而且负载转矩的方向也不变，与运动方向无关，即在某一方向阻碍运动而在另一方向促进运动。属于这一类的负载有起重机的提升机构，如图 1.3 所示，卷扬机起吊重物时，由于重物的作用方向永远向着地心，所以，由它产生的负载转矩永远作用在使重物下降的方向。当电动机拖动重物上升时，$T_L$ 与 $n$ 的方向相反；当重物下降时，$T_L$ 和 $n$ 的方向相同。对应的机械特性曲线位于第一象限和第四象限内。

**2. 恒功率负载特性**

该类负载转矩与转速的乘积为一常数，即负载功率常数，也就是负载转矩 $T_L$ 与转速 $n$ 成反比。它的机械特性是一条双曲线，如图1.4所示。

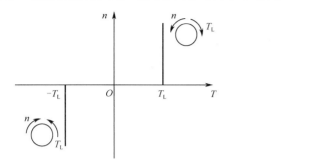
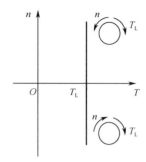

图1.2　反抗性负载转矩与旋转方向的对应关系　　图1.3　位能性负载转矩与旋转方向的对应关系

在机械加工工业中，有许多机床（或车床）在粗加工时，切削量比较大，切削阻力也大，为了满足加工精度的要求，通常采用低速运行。而在精加工时，宜采用高速运行。这就使得在不同情况下，负载功率基本保持不变。需要指出，恒功率只是机床加工工艺的一种合理选择，并非必须如此。另外，一旦切削量选定以后，当转速变化时，负载转矩并不改变，在这段时间内，应属于恒转矩性质。

### 3．风机与泵类负载特性

转矩随转速而变化的其他负载有风机、水泵、油泵等，这种变化规律可以归结为负载转矩与转速的平方成正比，即 $T_L \propto kn^2$，其中 $k$ 是比例常数。这类机械的负载特性是一条抛物线，如图1.5中曲线1所示。

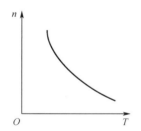
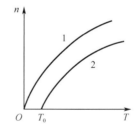

图1.4　恒功率负载特性曲线　　图1.5　风机与泵类负载特性曲线

除了上述三种典型的负载特性外，实际生产中有些复杂负载可以近似看成上述三种负载的合成。例如，对于鼓风机这种负载，其机械特性以风机负载为主，如图1.5中的曲线1所示；因为轴上还存在较小的摩擦转矩 $T_0$，所以实际运行中的鼓风机特性是两种特性的合成，即 $T_L = T_0 + kn^2$，如图1.5中的曲线2所示。

## 1.2.2　电力拖动系统运动方程

### 1．电力拖动运动方程

电力拖动运动方程描述了系统的运动状态。如图1.6所示为单轴电力拖动系统的示意图，系统的运动状态取决于作用在原动机轴上的各种转矩，如果忽略电动机的空载转矩，则由牛顿第二定律可知电力拖动系统的运动方程为

$$T_{em} - T_L = J\frac{d\omega}{dt} \quad (1.1)$$

其中,转动惯量 $J$ 为

$$J = m\rho^2 = \frac{G}{g}\frac{D^2}{4} = \frac{GD^2}{4g} \quad (1.2)$$

机械角速度 $\omega$ 与转速 $n$ 之间满足 $\omega = \frac{2\pi n}{60}$,得到

$$T_{em} - T_L = \frac{GD^2}{375}\frac{dn}{dt} \quad (1.3)$$

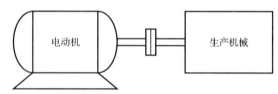

图 1.6 单轴电力拖动系统的示意图

**2. 运动方程中转矩正、负号的确定**

(1) 对于实际电力拖动系统,考虑到以下几种情况。

① 电动机可能正、反转运行。

② 电动机可能运行在电动机或发电机运行状态。

③ 负载转矩也可能由上升过程中的制动性变为下降过程中的驱动性转矩。

(2) 使用式 (1.3) 时需注意正、负号问题。正、负号一般按如下惯例选取。

① 首先取转速的方向为正方向。

② 对于电磁转矩,若与转速方向相同,则取"+";反之,若与转速方向相反,则取"−"。

③ 对于负载转矩,若与转速方向相反,则取"+";反之,若与转速方向相同,则取"−"。

(3) 根据上述正、负号选取规则,式 (1.1) 计算结果存在下列三种情况。

① 满足 $T_{em} > T_L$ 时,$\frac{d\omega}{dt} > 0$,系统做加速运动,电动机把从电网吸收的电能转变为旋转系统的动能,使系统的动能增加。

② 满足 $T_{em} < T_L$ 时,$\frac{d\omega}{dt} < 0$,系统做减速运动,系统将放出的动能转变为电能反馈回电网,使系统的动能减小。

③ 满足 $T_{em} = T_L$ 时,$\frac{d\omega}{dt} = 0$,$n=$常数(或 $n=0$),系统处于恒转速运行(或静止)状态,系统既不放出动能,也不吸收动能。

## 1.3 电动机控制基础

### 1.3.1 自动控制系统

电动机的控制规律符合自动控制系统的控制规律,都是将系统的给定量或给定量与反馈

量的差值送到控制器中，由控制器处理后将控制信号输出来控制被控对象。

自动控制系统结构如图 1.7 所示。按照是否有输出信号反馈到输入端来分类，有开环控制系统和闭环控制系统两种类型。

图 1.7　自动控制系统结构

### 1. 开环控制系统

开环控制系统结构如图 1.8 所示，可以看出，开环控制系统的输入端没有输出端的反馈信号，控制过程信号是单向流动的，无抗干扰能力，所以控制精度不高，实际生产中使用较少。

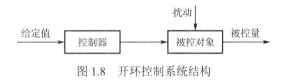

图 1.8　开环控制系统结构

### 2. 闭环控制系统

闭环控制系统结构如图 1.9 所示，闭环控制系统的输入端有输出端的反馈信号，这样可以自动调节给定值和测量值之间的偏差，抗干扰能力强，控制精度较高，实际生产中使用广泛。

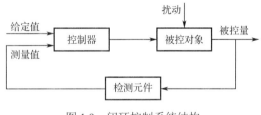

图 1.9　闭环控制系统结构

## 1.3.2　电动机的控制技术

19 世纪末，在电动机控制技术中，交流和直流两种控制方式都有其应用场合。随着交流电动机技术的成熟和发展，交流电力拖动的应用越来越多，基本上能够满足当时的生产需求。然而，随着一些精密机械加工的进一步发展，对电力拖动在启动、制动、正反转及调速精度与范围等静态特性和动态响应方面提出了更高的要求，在此期间，交流电力拖动在技术上不能满足这些要求。这个阶段处于直流拖动为主的发展时期。

20 世纪以来，直流电动机电刷与换向器经常出现故障，此时，用交流可调拖动取代直流可调拖动的研究取得了一定的进展，所以这个时期交流拖动控制系统成为主要研究方向。

20 世纪 70 年代以来，电力电子技术和计算机控制技术的发展，为交流电力拖动的广泛应用提供了极大的可能。交流电动机的串级调速，各种类型的变频调速、无换向器电动机调速等，使得交流电力拖动具有调速范围宽、稳态精度高、动态响应快及在四象限可逆运行等良好的技术性能，因此逐步取代了直流电力拖动。

当前，电力电子器件和各种控制算法的出现，使得电动机控制技术丰富多样，特别是交流传动系统矢量控制，可以实现较好的控制效果。例如，启动、制动、反转和调速的控制简单、方便、快速且效率高。各种特种新型电动机的出现，要求运行中达到不同的运行特性来满足生产工艺的各项指标，传感器技术和信号变换与传送技术的进一步发展，为将一些智能算法引入电动机的控制提供了可能。因此，电动机的交流智能化控制将成为未来电动机拖动控制技术的发展方向。

矢量控制通过对电流、磁链的间接控制来达到控制转矩的目的，而直接转矩控制则是直接对电动机转矩进行控制的。1985 年，由德国鲁尔大学 M.Depenbrock 教授首次提出了直接转矩控制的理论，采用空间矢量的分析方法，在静止两相坐标系中对电动机电磁转矩和定子磁链进行控制，并借助 Bang-Bang 控制直接对逆变器的开关状态进行最优控制。随后，日本学者 Taka-hashi 提出了圆形磁链的直接转矩控制，1987 年把它推广到弱磁调速范围。直接转矩控制的思想是将矢量控制中的以转子磁通定向更换为以定子磁通定向，通过转矩偏差和定子磁通偏差来确定电压矢量，不需要解耦控制。与矢量控制技术相比，直接转矩控制在很大程度上解决了矢量控制三相感应电动机的特性易受电动机参数变化影响这一问题。但使用直接转矩控制，电动机低速时电流和转矩脉动明显，带积分的磁链电压积分模型准确性较差，制约了速度控制系统的调速范围。

通常，永磁同步伺服系统必须具有较宽的调速范围和稳定的转矩输出特性。为了满足实际需要，在额定转速以下，电动机按恒转矩运行；在额定转速以上，电动机按恒功率运行。随着电动机转速的上升，电动机定子绕组中感应电动势不断增加，当电动机转速上升到一定程度时，逆变器输出电流将不能跟踪电流给定，电动机输出转矩下降，性能变差。为提高高速时电动机的转矩输出能力，需要对电动机实施弱磁控制。然而，永磁同步电动机的磁场是由永磁体产生的，不能像直流电动机和异步电动机那样进行控制。为了实现弱磁，在电动机电枢绕组中加入直轴电流，利用电动机直轴电枢反应抵消永磁体产生的磁场，从而提高永磁同步电动机的高速运行性能。

## 1.4 电动机仿真分析

### 1.4.1 电动机的有限元设计仿真

为了实现对电动机的有效控制，在电动机控制系统建模和仿真过程中，必须知道电动机的定/转子电阻、绕组互感和漏电感等参数。对于常规电动机而言，这些参数可以通过样机的测试获得；但是，对于一些结构比较特殊的电动机而言，样机本身的设计就相对困难了，所以，这时就需要借助有限元仿真软件来对电动机本体结构进行设计，同时利用仿真软件的数值计算功能，来得到控制系统仿真需要输入的参数，这样可以使电动机的控制容易实现。另外，采用有限元仿真分析除了可以获得电动机的绕组电阻和电感参数外，还可以对电动机的电磁转矩、转速和电动机内部电磁场分布进行计算和输出。

电动机有限元仿真软件主要有 Ansoft、Magnet、EasiMotor 和 Infolytica 等。有限元仿真软件通常可以进行以下领域的仿真分析。

（1）电磁仿真。电磁仿真在电动机和电器设计中扮演着非常重要的角色，它可以预测电磁转换的效率、各个部件的损耗和发热量、电磁力/力矩等参数，是进一步进行热仿真和结构仿真的基础。

（2）电场仿真。随着电气设备容量和工作电压的提高，电场仿真的必要性更加迫切，它能够预测设备的绝缘性、放电和击穿的可能性等性能指标。

（3）热仿真。过热会使电动机的可靠性降低，甚至会烧毁电动机，因此热分析与热设计在电动机和电器设计中非常重要，热分析可以优化冷却方案，改善冷却效果。

（4）结构强度、疲劳仿真。利用结构分析软件研究电动机和电器在机械载荷和热载荷作用下的强度、刚度、振动和疲劳寿命，可提高设备的可靠性。

（5）噪声分析。模拟结构振动噪声和电磁噪声。

## 1.4.2 电动机控制的计算机数字仿真

随着电气化和产品智能化水平的提高，电动机、变压器及高低压电器在各种装备和生活中的应用越来越多，电动机和电器朝着容量大型化、体积小型化及智能化的方向发展。现今的电动机和电器设计面临着更为复杂的技术挑战，只有充分运用现代工程仿真技术才能应对这些挑战。

交流异步电动机的设计和分析，一般步骤为：首先，利用有限元建立电动机本体模型；然后，可以利用矢量控制理论或其他电动机控制理论，在 MATLAB/Simulink 中搭建异步电动机的数学模型；最后，在此基础上，可以建立电动机矢量控制系统的仿真模型，并进行仿真分析，得到电动机的输出性能。

永磁同步伺服系统一般采用矢量控制技术进行控制。表贴式永磁同步电动机使用 $i_d=0$ 矢量控制方法，通常采用 PI 控制器进行控制能达到很好的解耦效果。

在电动机的本体设计和控制系统设计中，都需要进行仿真辅助设计，这样可以满足电动机及其传动系统在制造之前检验一下系统的各项指标是否满足设计的要求。如果不满足，可以调整或修改系统的参数，直到能够满足设计要求为止。

# 第 2 章　电动机基本理论

## 2.1　磁路基本知识

电动机可以看成一种具有典型磁路的电气设备。下面首先介绍磁路的基本知识。如图 2.1 所示为一个均匀环形线圈磁路示意图，在圆形磁性铁芯上绕有多匝线圈，当线圈中通入交流电流时，铁芯中就会产生磁通，磁通经过的路径简称磁路。

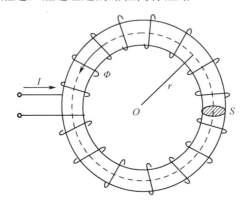

图 2.1　均匀环形线圈磁路示意图

磁路欧姆定律表明磁路的磁通 $\Phi$、磁通势 $F$ 和磁阻 $R_\mathrm{m}$ 三者满足以下关系式：

$$\Phi = F/R_\mathrm{m} \tag{2.1}$$

安培环路定律：磁场中沿任何闭合曲线磁场强度矢量的线积分，等于穿过该闭合曲线所包围的电流的代数和，数学表达式为

$$\oint H \mathrm{d}l = \sum I \tag{2.2}$$

如图 2.1 所示，当圆形铁芯为同种磁性材料，且截面积相同时，共有 $N$ 匝线圈均匀缠绕在铁芯上，假设通入线圈的励磁电流为 $I$，设 $H$ 与 $\mathrm{d}l$ 同向，则式（2.2）可以写为

$$Hl = NI \quad 或 \quad H = \frac{NI}{l} \tag{2.3}$$

式中，$NI$ 称为磁通势，用 $F$ 表示，即 $F = NI$，其单位为安培（A）。

因为 $\Phi = BS$，$B = \mu H$，所以 $\Phi = \mu HS$，由式（2.3）得

$$\Phi = \mu \frac{NI}{l} S = \frac{NI}{\dfrac{l}{\mu S}} = \frac{F}{\dfrac{l}{\mu S}}$$

令 $R_\mathrm{m} = \dfrac{l}{\mu S}$，则

$$\Phi = \frac{F}{R_m} \tag{2.4}$$

式（2.4）在形式上与电路中的欧姆定律（$I=E/R$）相似，称为磁路欧姆定律。当 $\mu$ 不是常数时，其 $R_m$ 也不是常数，故式（2.4）主要用来定性分析磁路，一般不对磁路进行定量计算。

如图 2.2 所示为直流电动机磁路。磁路包含空气隙，磁路的总磁阻为各段磁阻之和，由 $R_m = l/(\mu S)$ 可知，空气隙磁阻大，其 $l_0$ 虽小，但因 $\mu_0$ 很小，故 $R_m$ 很大，从而使整个磁路的磁阻大大增加。

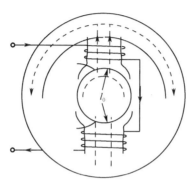

图 2.2 直流电动机磁路

## 2.2 变 压 器

### 2.2.1 变压器的基本工作原理

如图 2.3 所示为一台单相双绕组变压器的结构示意图，图 2.4 所示为单相双绕组变压器的图形符号。单相双绕组变压器由在导磁性能较好的铁芯上固定有高、低压两个多匝的线圈组成，与电源侧连接的绕组为一次侧绕组，其匝数用 $N_1$ 表示，它的主要作用是从电源获得电能，其电压为电源电压，用 $u_1$ 表示，相应的一次侧绕组电流为 $i_1$，主磁通电动势为 $e_1$，漏磁感应电动势为 $e_{\sigma 1}$；另一个绕组和负载相接，通常称为二次侧绕组，其匝数用 $N_2$ 表示，它的主要作用是为负载提供电能，其电压由变压器一次侧和二次侧的匝数所决定，相应的二次侧绕组电压为 $u_2$，电流为 $i_2$，主磁通电动势为 $e_2$，漏磁感应电动势为 $e_{\sigma 2}$。

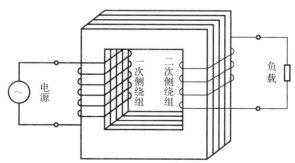

图 2.3 单相双绕组变压器的结构示意图

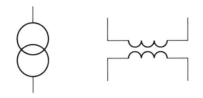

图2.4 单相双绕组变压器的图形符号

### 1. 电压变换

一次侧、二次侧绕组的电压方程为

$$\begin{cases} \dot{U}_1 = R_1\dot{I}_1 + jX_{\sigma 1}\dot{I}_1 - \dot{E}_1 \\ \dot{U}_2 = \dot{E}_2 - R_2\dot{I}_2 - jX_{\sigma 2}\dot{I}_2 \end{cases} \tag{2.5}$$

如果忽略电阻 $R_1$ 和漏抗 $X_{\sigma 1}$ 的电压,且变压器空载,则有

$$\dot{U}_1 \approx -\dot{E}_1 \qquad \dot{U}_2 = \dot{E}_2 \tag{2.6}$$

有效值关系为

$$U_1 \approx E_1 = 4.44fN_1\Phi_m \qquad U_2 = E_2 = 4.44fN_2\Phi_m$$

或

$$\frac{U_1}{U_2} \approx \frac{E_1}{E_2} = \frac{N_1}{N_2} = k \tag{2.7}$$

式中,$k$ 为变压器的变比。

在负载状态下,由于二次侧绕组的电阻 $R_2$ 和漏抗 $X_{\sigma 2}$ 很小,其上的电压远小于 $E_2$,仍有

$$\dot{U}_2 \approx \dot{E}_2$$

$$U_2 \approx E_2 = 4.44fN_2\Phi_m$$

$$\frac{U_1}{U_2} \approx \frac{E_1}{E_2} = \frac{N_1}{N_2} = k$$

由上述内容可知,当电源电压与一次侧绕组连接时,只要改变一次侧和二次侧绕组的匝数比 $N_1/N_2$,就可以得到不同数值的二次侧电压,这样就实现了电压变换的目的。这就是变压器的基本工作原理。

### 2. 电流变换

由 $U_1 \approx E_1 = 4.44fN_1\Phi_m$ 可知,当 $U_1$ 和 $f$ 不变时,$E_1$ 和 $\Phi_m$ 也不变。这时负载产生主磁通的一次侧、二次侧绕组的合成磁动势($i_1N_1+i_2N_2$)等于空载时产生主磁通的一次侧绕组的磁动势 $i_0N_1$,有

$$\frac{I_1}{I_2} = \frac{N_2}{N_1} = \frac{1}{k} \qquad i_1N_1 + i_2N_2 = i_0N_1 \qquad \dot{I}_1N_1 + \dot{I}_2N_2 = \dot{I}_0N_1$$

空载电流 $i_0$ 很小,可不计,则

$$\dot{I}_1N_1 \approx -\dot{I}_2N_2 \tag{2.8}$$

可知,一次侧和二次侧电流与一次侧和二次侧绕组的匝数比 $N_1/N_2$ 成反比。

### 3. 阻抗变换

设接在变压器二次侧绕组的负载阻抗 $Z$ 的模为 $|Z|$,则

$$|Z|=\frac{U_2}{I_2}$$

$Z$ 反映到一次侧绕组的阻抗模为$|Z'|$，则

$$|Z'|=\frac{U_1}{I_1}=\frac{kU_2}{\frac{I_2}{k}}=k^2\frac{U_2}{I_2}=k^2|Z| \qquad (2.9)$$

### 2.2.2 变压器的空载运行

变压器的空载运行是指变压器一次侧绕组接在额定电压的正弦交流电源上，而二次侧绕组不带负载（即开路）时的工作情况。如图 2.5 所示为单相变压器空载运行示意图。

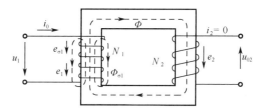

图 2.5　单相变压器空载运行示意图

图 2.5 中，$u_1$ 为一次侧绕组电压，$u_{02}$ 为二次侧绕组空载电压，$N_1$ 和 $N_2$ 分别为一次侧和二次侧绕组的匝数。

当变压器的一次侧绕组通入交流电压 $u_1$ 时，在一次侧绕组中就会出现交变电流 $i_0$。当二次侧绕组空载时，二次侧绕组中不会有感生电流流过。此时一次侧绕组中的电流 $i_0$ 称为空载励磁电流。该电流产生一个交流磁动势 $i_0N_1$，该磁动势能够产生不断变化的磁场。通常铁芯的磁导率和空气（或油）的磁导率相比可以忽略，故几乎所有磁通都通过铁芯而闭合，这部分磁通称为主磁通，用 $\Phi_m$ 表示；另有一小部分（占主磁通的 0.25%左右）磁通通过非磁性介质（空气或油）形成闭合回路。这部分磁通只交链一次侧绕组，称为一次侧绕组的漏磁通，用 $\Phi_{\sigma1}$ 表示。主磁通和漏磁通不仅在数量上相差悬殊，而且磁路的性质也大不相同，所以在变压器和交流电动机中常把它们分别处理。现假设一次侧、二次侧绕组的全部匝数都与主磁通交链，不计漏磁通的影响（一次侧、二次侧绕组之间 100%耦合），根据电磁感应定律，交变主磁通$\Phi_m$将分别在一次侧和二次侧绕组内感应出电动势$\dot{E}_1$和$\dot{E}_2$，它们分别为

$$\begin{cases}\dot{E}_1=-N_1\dfrac{\mathrm{d}\Phi_m}{\mathrm{d}t}\\ \dot{E}_2=-N_2\dfrac{\mathrm{d}\Phi_m}{\mathrm{d}t}\end{cases} \qquad (2.10)$$

由于变压器中电压、电流、磁通和电动势的大小及方向均随时间交变，所以为了正确表明它们之间的相互关系，必须规定它们的正方向。正方向规定如下。

- 在同一支路内，电压降的正方向与电流的正方向相同；
- 磁通的正方向与电流的正方向满足右手螺旋定则；
- 感应电动势的正方向与产生该磁通的电流正方向相同。

如图 2.5 所示的方向，符合$\dot{E}=-N\dfrac{\mathrm{d}\Phi}{\mathrm{d}t}$。

当一次侧绕组通入正弦电流时,由此产生的磁通 $\Phi$ 也按照正弦规律变化,依据上述规定的电动势的正方向,在一次侧绕组中感应的电动势为

$$\dot{E}_1 = -N_1 \frac{d\Phi_m}{dt} \tag{2.11}$$

设

$$\Phi = \Phi_m \sin \omega t$$

则

$$\dot{E}_1 = -\omega N_1 \Phi_m \cos \omega t = \omega N_1 \Phi_m \sin(\omega t - 90°) = E_{1m} \sin(\omega t - 90°) \tag{2.12}$$

$$\dot{E}_2 = -\omega N_2 \Phi_m \cos \omega t = \omega N_2 \Phi_m \sin(\omega t - 90°) = E_{2m} \sin(\omega t - 90°) \tag{2.13}$$

从式(2.12)和式(2.13)可知,如果主磁通 $\Phi$ 按正弦规律变化,那么产生的感应电动势会按正弦规律变化,电动势在相位上滞后主磁通 90°。

一次侧和二次侧感应电动势有效值可以表示为

$$E_1 = \frac{E_{1m}}{\sqrt{2}} = 4.44 f N_1 \Phi_m \tag{2.14}$$

$$E_2 = \frac{E_{2m}}{\sqrt{2}} = 4.44 f N_2 \Phi_m \tag{2.15}$$

感应电动势的相量形式可以表示为

$$\dot{E}_1 = -j4.44 f N_1 \Phi_m \tag{2.16}$$

$$\dot{E}_2 = -j4.44 f N_2 \Phi_m \tag{2.17}$$

从式(2.16)和式(2.17)可得出

$$k = \frac{E_1}{E_2} = \frac{N_1}{N_2} \approx \frac{U_1}{U_2} \tag{2.18}$$

通常取高压绕组的匝数对低压绕组的匝数之比,即 $k>1$。

### 2.2.3 变压器的基本参数

额定值是对变压器正常工作状态所做的使用规定,它是变压器制造厂家给出的使用参考值。

额定容量 $S_N$ 指在其他额定条件下,变压器所能输出的视在功率,单位为 V·A 或 kV·A。因为变压器没有旋转部件,所以变压器效率较高,一般一次侧和二次侧额定容量相同。如果是三相变压器,则额定容量是三相绕组容量之和。

$U_{1N}$ 是变压器一次侧绕组上电源线电压值,$U_{2N}$ 是当变压器一次侧绕组加额定电压,二次侧绕组断开时的空载电压值。其单位为 V 或 kV。如果是三相变压器,则额定电压指线电压。

额定电流 $I_{1N}$ 和 $I_{2N}$ 指变压器在额定负载情况下,长期允许通过一次侧绕组和二次侧绕组的电流。如果是三相变压器,则额定电流就是线电流。

对单相变压器有

$$S_N = U_{2N} I_{2N} \approx U_{1N} I_{1N}$$

对三相变压器有

$$S_N = \sqrt{3} U_{2N} I_{2N} \approx \sqrt{3} U_{1N} I_{1N}$$

我国规定标准工业用电的频率即工频为 50Hz。

连接组标号指三相变压器一、二次侧绕组的连接方式,Y 说明高压绕组为星形连接,y 说明低压绕组为星形连接;D 说明高压绕组为三角形连接,d 说明低压绕组为三角形连接;N 说明低压绕组为星形连接时的中性线。

阻抗电压又称短路电压，它标志着额定电流时变压器阻抗压降的大小。通常用额定电压的百分比来表示阻抗电压，即得阻抗电压的相对值。

额定运行时变压器其他常见参数有效率、温升等，均属于额定值。除额定值外，铭牌上还标有变压的相数、运行方式及冷却方式等。

### 2.2.4 变压器的运行特性

如果一次侧绕组电压和负载功率因数一定，则此时二次侧电压和负载电流之间的关系称为变压器的外特性，它可以通过试验求得。在负载运行时，由于变压器内部存在电阻和漏抗，故当负载电流流过时，变压器内部将产生阻抗压降，使二次侧电压随负载电流的变化而变化。图 2.6 所示为不同性质负载时，变压器的外特性曲线。在实际变压中，一般阻抗比电阻大很多，当负载为纯电阻时，即 $\cos\varphi_2=1$，$\Delta U$ 很小，二次侧电压 $U_2$ 随负载电流 $I_2$ 的增加下降得并不大，如图 2.6 中曲线 2 所示。感性负载时 $\varphi_2>0°$，$\cos\varphi_2$ 和 $\sin\varphi_2$ 均为正值，$\Delta U$ 为正值，说明二次侧电压随负载电流 $I_2$ 的增大而下降，因为漏抗压降比电阻压降大得多，所以 $\varphi_2$ 越大，$\Delta U$ 越大，如图 2.6 中曲线 3 所示；容性负载时情况刚好相反，$\Delta U$ 为负值，即表示二次侧电压 $U_2$ 随负载电流 $I_2$ 的增加而升高，同样 $\varphi_2$ 绝对值越大，$\Delta U$ 的绝对值越大，如图 2.6 中曲线 1 所示。以上叙述表明，负载的功率因数对变压器外特性的影响是很大的。

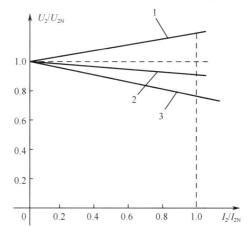

1—容性负载外特性曲线；2—纯电阻负载外特性曲线；3—感性负载外特性曲线

图 2.6 变压器的外特性曲线

从空载到额定负载，二次侧绕组电压 $U_2$ 随电流 $I_2$ 变化的程度通常用电压调整率 $\Delta U\%$ 来表示，即

$$\Delta U\% = \frac{U_{20} - U_2}{U_{20}} \times 100\% \tag{2.19}$$

通常在变压器中，由于绕组电阻和漏磁电抗较小，所以电压变化率较小，一般为 5%左右。

### 2.2.5 损耗与效率

提高变压器效率是供电系统中一个极为重要的课题，世界各国都在大力研究高效节能变压器。其主要方法有两种。一种是采用低损耗的冷轧硅钢片来制作铁芯。例如，容量相同的两台电力变压器，用热轧硅钢片制作铁芯的 SJl-1000/10 变压器铁损耗约为 4440W，用冷轧硅钢片制作铁芯的 S7-1000/10 变压器铁损耗仅为 1700W，后者比前者每小时可减少 2.74kW·h 的损耗，仅此一项每年可节电约 23652kW·h，由此可见为什么我国要强制推行使用低损耗变压器。另一种方法是减小铜损耗，如果能用超导材料来制作变压器绕组，则可使其电阻为零，铜损耗也就不存在了。世界上许多国家正在致力于该项研究，目前已有 330kV 单相超导变压器问世，其体积比普通变压器要小 70%左右，损耗可降低 50%。

在功率因数一定时，变压器的效率与负载系数之间的关系为 $\eta = f(\beta)$，称为变压器的效率特性曲线，如图 2.7 所示。$\beta$ 是指变压器实际负载电流 $I_2$ 与额定负载电流 $I_{2N}$ 之比，称为变压器的负载系数，即

$$\beta = I_2/I_{2N} \tag{2.20}$$

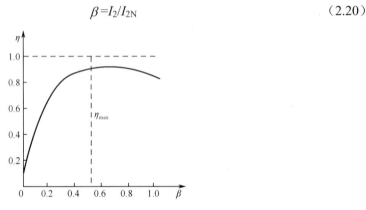

图 2.7 变压器的效率特性曲线

从图 2.7 中可以看出，空载时，$\eta=0$，$P_2=0$，$\beta=0$。负载增大时，效率增加很快，当负载达到某一数值时，效率最大，然后又开始降低。这是因为随负载 $P_2$ 的增大，铜损耗 $P_{Cu}$ 按电流的平方成正比增大，超过某一负载之后，效率随 $\beta$ 的增大反而变小了。

变压器在运行时存在两种损耗：铜损耗和铁损耗，即 $\Delta P = P_{Cu} + P_{Fe}$。铜损耗是变压器一次侧、二次侧绕组电阻 $R_1$ 和 $R_2$ 上的损耗，即

$$P_{Cu} = I_1^2 R_1 + I_2^2 R_2$$

铜损耗与负载的大小有关，称为可变损耗。铁损耗 $P_{Fe}$ 包括磁滞损耗和涡流损耗。铁损耗不随负载的变化而变化，称为不变损耗。通过分析可知，当不变损耗和可变损耗相等时，变压器的效率最高。

变压器的效率是指输出功率 $P_2$ 与输入功率 $P_1$ 的比值，通常用百分数表示，即

$$\eta = \frac{P_2}{P_1} \times 100\% = \frac{P_2}{P_2 + \Delta P} \times 100\% \tag{2.21}$$

## 2.2.6 三相变压器

现代电力系统均采用三相制，因而三相变压器的应用极为广泛。根据磁路结构不同，三相变压器磁路系统可分为两类，一类是三相磁路彼此独立的三相变压器组，另一类是三相磁路彼此相关的三相芯式变压器。

### 1. 三相变压器组的磁路

三相变压器组是由三台完全相同的单相变压器组成的，相应的磁路为组式磁路，如

图 2.8 所示。组式磁路的特点是三相磁通各有自己单独的磁路，互不相关。因此当一次侧外加对称三相电压时，各相的主磁通必然对称，各相空载电流也是对称的。

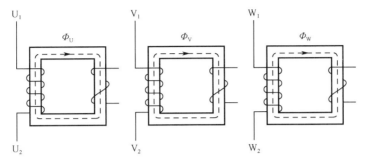

图 2.8 三相变压器组的组式磁路系统

### 2．三相芯式变压器的磁路

三相芯式变压器的磁路是由三相变压器组的磁路演变而来的，如图 2.9（a）所示为三相共用铁芯。这种铁芯构成的磁路的特点是三相磁路互相关联，各相磁通要借助另外两相磁路闭合。

当外加三相对称电压时，三相主磁通是对称的，即中间铁芯柱内的合成主磁通为 0，因此可将中间铁芯柱省去，即可变为图 2.9（b）所示的无中间铁芯柱的结构形式。为了制造方便和节省材料，常把三相铁芯柱布置在同一平面内（即三相铁芯柱共面），即成为目前广泛采用的三相芯式变压器的铁芯，如图 2.9（c）所示。

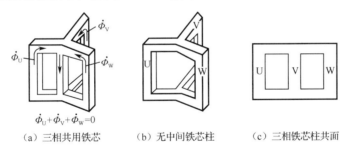

（a）三相共用铁芯　　（b）无中间铁芯柱　　（c）三相铁芯柱共面

图 2.9 三相芯式变压器的磁路系统

### 3．三相变压器的电路系统——连接组别

三相变压器的绕组连接组别是一个很重要的问题，它关系到变压器电磁量中的谐波问题及并联运行等一些运行上的问题。

变压器每相绕组的首端和末端标志如表 2.1 所示。

表 2.1　变压器每相绕组的首端和末端标志

| 组 名 称 | 单相变压器 | | 三相变压器 | | 中 性 点 |
|---|---|---|---|---|---|
| | 首 端 | 末 端 | 首 端 | 末 端 | |
| 高压绕组 | $U_1$ | $U_2$ | $U_1$、$V_1$、$W_1$ | $U_2$、$V_2$、$W_2$ | N |
| 低压绕组 | $u_1$ | $u_2$ | $u_1$、$v_1$、$w_1$ | $u_2$、$v_2$、$w_2$ | n |
| 中压绕组 | $U_{1m}$ | $U_{2m}$ | $U_{1m}$、$V_{1m}$、$W_{1m}$ | $U_{2m}$、$V_{2m}$、$W_{2m}$ | $N_m$ |

三相变压器绕组的连接形式分为两种，一种是星形连接，另一种是三角形连接，如图 2.10 所示。把三相绕组的末端短接在一起，三个首端引出电源线，这种接法就是变压器绕组的星形连接，通常用符号 Y 或 y 来表示，如图 2.10（a）所示。如果三相绕组短接并通过中性点引出，则称为有中性点的星形连接，用符号 YN 或 yn 来表示，如图 2.10（b）所示。如果将三相绕组的首、末端首尾相接，同时首端引出三根电源线，则这种接法称为三角形连接，用符号 D 或 d 来表示，如图 2.10（c）所示。

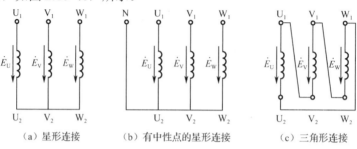

图 2.10 三相变压器绕组的连接形式

## 2.3 直流电机的基本工作原理

电机是发电机和电动机的统称，直流发电机通过电磁转换将机械能转换为直流电能；直流电动机通过电磁转换将直流电能转换为机械能。直流电动机结构较为复杂，价格比交流电动机贵，运行时的维护要求也比较高。但由于直流电动机的机械特性较硬，并且具有良好的启动和调速性能，所以直流电动机广泛地运用于国民经济的各部门，如电力牵引、轧钢机械、龙门刨床、镗床等对启动要求较高的场合。在自动控制系统中，小容量直流电动机的应用也很广泛。直流电机还有其他用途，如测速发电机、伺服电动机等。

### 2.3.1 直流发电机的基本工作原理

直流发电机和直流电动机具有相同的结构，只是直流发电机由原动机（一般是交流电动机）拖动旋转而发电，可见，它是把机械能转换为直流电能的电磁设备。直流电动机则接在直流电源上，拖动各种工作机械（机床、泵、电车、电缆设备等）工作，它是把直流电能转换为机械能的电磁设备。首先简要介绍直流发电机的基本工作原理。图 2.11 所示为直流发电机工作原理图，固定部分由 N 极和 S 极构成，并安装有励磁绕组。绕有线圈 abcd 的转动部分称为电枢，电枢在两个磁极中间旋转，这两个半圆形铜环称为换向片，两个换向片之间用绝缘材料隔开，共同组成最简单的换向器。换向器上装的是接通外电路的静止电刷 A、B。由图 2.11 可知，如果线圈 ab 边此时处于 N 极并按逆时针方向旋转，则依据右手定则可知，感应电动势的方向从 b 到 a，这时线圈的 cd 边位于 S 极且按照逆时针方向旋转，导体 cd 产生的感应电动势方向从 d 到 c。闭合线圈的感应电动势的方向依次为 d—c—b—a。这时，与线圈 a 端接触的半圆形铜片 1 和电刷 A 处于"+"

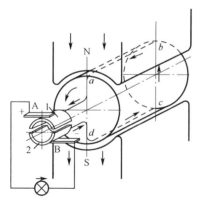

图 2.11 直流发电机工作原理图

极；与线圈 d 端接触的半圆形铜片 2 和电刷 B 处于"-"极。外电路闭合时，电流就从电刷 A 经负载流入电刷 B，与线圈一起构成闭合的电流通路。当线圈的 ab 边转到 S 极位置时（旋转了 180°），可知，因为电刷是静止的，因此和线圈 d 端连接的半圆形铜片 2 和电刷 A 接触，它仍然是正电位。而与线圈 a 端连接的半圆形铜片 1 则和电刷 B 接触，它仍然是负电位。接通外电路时，电流仍然是从电刷 A 经负载流入电刷 B 的。

从上述分析可知，虽然线圈 abcd 中感应电动势的方向周期变化，但电刷 A 却一直位于 N 极并与线圈边相连，而电刷 B 一直位于 S 极并与线圈边相连。最终，电枢线圈中的交流电在外电路负载中为直流。

## 2.3.2　直流电动机的基本工作原理

当直流电动机的转子不用原动机带动时，将电刷 A 和电刷 B 分别接在直流电源上，如图 2.12（a）所示，可见，电刷 A 为正电位，B 为负电位，位于 N 极下的导体 ab 中的感生电流方向由 a 到 b，位于 S 极下的导体 cd 中的感生电流方向由 c 到 d。由电磁感应定律可得，ab 和 cd 两导体在磁场中会受到电磁力 F 的作用。依据左手定则可知，ab 边所受电磁力方向向左，此时 cd 边所受电磁力方向向右。如果认为磁场均匀，导体中流过的电流相同，那么，ab 边和 cd 边所受的电磁力大小相等。电磁力对轴心形成电磁转矩 T。这样，线圈上就受到了电磁转矩 T 的作用而按逆时针方向转动了。当线圈转到磁极的中性面上时，线圈中的电流等于零，电磁转矩等于零，但是由于惯性的作用，线圈继续转动。线圈转过半周之后，如图 2.12（b）所示，虽然 ab 与 cd 的位置调换了，ab 边转到 S 极范围内，cd 边转到 N 极范围内，但是，由于换向片和电刷的作用，转到 N 极下的 cd 边中的电流方向变为从 d 流向 c，在 S 极下的 ab 边中的电流方向则从 b 流向 a。因此，电磁力 F 的方向仍然不变，线圈仍然受力并按逆时针方向转动。可见，分别处在 N 极、S 极范围内的导体中的电流方向总是不变的，因此，线圈两个边的受力方向也不变，这样，线圈就可以按照受力方向不停地按逆时针方向旋转了，直流电动机的电磁转矩和旋转方向一直不变而连续运行。以上为直流电动机的工作原理。

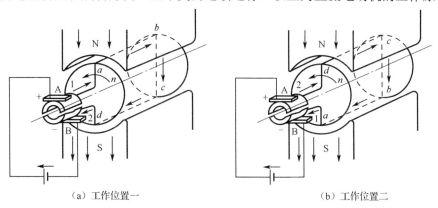

（a）工作位置一　　　　　　　　　　（b）工作位置二

图 2.12　直流电动机工作原理图

## 2.3.3　直流电动机的空载磁场

直流电动机中除了主极磁场外，当电枢绕组中有电流流过时，还会产生电枢磁场。电枢磁场和主磁场叠加后就形成了电动机中的气隙磁场，它制约着电枢电动势和电磁转矩的大小。

因此，需要理解气隙磁场的情况。

电动机空载时，发电机不输出电功率，电动机不输出机械功率，这时电枢电流很小，电枢磁动势也很小。

当励磁电流通入励磁绕组时，各主磁极依次呈现为 N 极和 S 极，由于电动机磁路结构对称，不论极数多少，每对磁极的磁路是相同的，因此只要讨论一对磁极的磁路情况就可以了。从一对磁极来看，空载磁场分布由 N 极出来的磁通，大部分经过气隙和电枢齿槽，分两路经过电枢磁轭，再经过电枢齿槽和气隙进入相邻的 S 极，然后经过定子磁轭，两路磁通回到原来出发的 N 极，形成一闭合回路。这部分磁通和电枢绕组、励磁绕组相交链，电枢旋转时，能在电枢绕组中感应电动势，而当电枢绕组中有电流流过时，能与载流导体相互作用，产生电磁转矩，这部分磁通称为主磁通 $\Phi_m$。此外，还有一小部分磁通不经过电枢而直接进入相邻的磁极或磁轭，形成闭合回路，它不与电枢绕组匝链，因而不能在电枢绕组中感应电动势，也不产生电磁转矩，这部分磁通称为漏磁通 $\Phi_\sigma$。

直流电动机中的磁通通过一对磁极而形成的闭合回路称为磁路。可知直流电动机的磁路包括气隙、电枢的齿槽部分、电枢铁芯、磁极（包括极靴）、定子磁轭五个部分。

主磁通磁路的气隙较小，磁导率较大；漏磁通磁路的气隙较大，磁导率较小，而作用在这两条磁路的磁动势是相同的，所以漏磁通要比主磁通小得多，一般 $\Phi_\sigma$ 为主磁通 $\Phi_m$ 的 15% 左右。若不计铁磁材料的磁压降和电枢表面的齿槽影响，则在气隙中各点所消耗的磁动势是相等的，均为励磁磁动势。在极靴范围内，气隙小，气隙中各点磁通密度大；在极靴范围外，气隙增大很多，因此磁通密度从磁极尖处开始显著减小，直到两极间的几何中性线处磁通密度为零。由此得出直流电动机空载磁场的磁通密度分布曲线，如图 2.13 所示，它是一个梯形波，对称于磁极轴线。

电动机要产生一定的主磁通 $\Phi_m$，需要有一定的励磁磁动势 $F_f$。励磁磁动势变化时，主磁通也随之改变。表示主磁通 $\Phi_m$ 与励磁磁动势 $F_f$ 关系的曲线称为直流电动机的磁化曲线或称饱和曲线，如图 2.14 所示。$a$ 点为在额定磁动势下产生的额定磁通量。

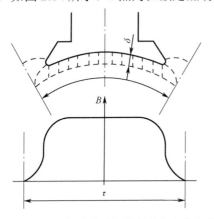

图 2.13 直流电动机空载磁场的磁通密度分布曲线

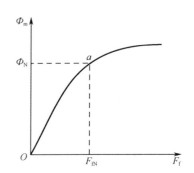

图 2.14 直流电动机的磁化曲线

### 2.3.4 直流电动机的负载磁场

#### 1. 电枢反应

当直流电动机有负载时，电枢绕组中有电流流过，它将产生一个电枢磁动势，因此有负载时的气隙磁场由主极磁动势与电枢磁动势共同作用而产生。通常把有负载时电枢磁动势对主磁场的影响称为电枢反应。

电枢磁动势是由电枢电流产生的,从对电枢绕组的分析可以知道,相邻的两个电刷之间形成一条支路,在同一条支路内元件的电流是同方向的;而在同一电刷两侧的元件中,其电流方向是相反的。因此,电刷是电枢表面导体中电流方向的分界线。显然,电枢反应与电刷的位置有关。下面以直流电动机为例,讨论不同电刷位置时的电枢反应。

**2. 电刷在几何中性线上时的电枢反应**

电刷在几何中性线上,指的是电刷的电气位置,表示电刷与位于几何中性线的电枢元件相连。为使作图简单,电枢元件只画一层,省去换向器,电刷就放在几何中性线上直接与电枢元件接触,图2.15(a)所示为直流电动机有负载时的电枢磁场。

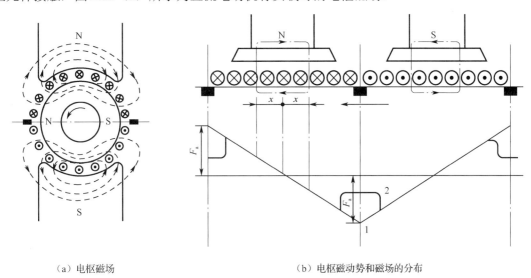

(a)电枢磁场　　　　　　　　　　(b)电枢磁动势和磁场的分布

图2.15　直流电动机有负载时的电枢磁场

因为电刷是电枢表面电流方向的分界线,若电枢上半部分电流方向为流入纸面,则电枢下半部分电流方向为流出纸面,从而可以画出电枢磁场分布图,如图2.15(a)中的虚线所示。当电枢磁场的轴线与电刷轴线重合,且位于与主极轴线垂直位置时,电枢磁动势就是交轴电枢磁动势。

为了进一步研究电枢磁动势的大小和电枢磁场的分布情况,假定电枢绕组的总导体数为$N$,导体中的电流为$i_a$,电枢直径为$D_a$,并将图2.15(a)展开为图2.15(b)。由于电刷在几何中性线上,电枢绕组支路的中点正好处于磁极轴线上,以该中点为坐标原点,距原点±$x$处取一闭合回路,根据全电流定律,可知作用在这个闭合回路上的磁动势为

$$F_{ax} = \oint H\mathrm{d}l = i_a N_x = i_a \times 2x \frac{N}{\pi D_a} = 2xA \tag{2.22}$$

式中,$A$为电枢线负载,它表示电枢圆周单位长度上的安培数,是直流电动机设计中一个很重要的数据,$A = \dfrac{Ni_a}{\pi D_a}$。

若略去铁芯中的磁阻,则磁动势就全部消耗在两个气隙中,故离原点$x$处一个气隙所消

耗的磁动势为

$$F_{ax} = \frac{2xA}{2} = Ax \tag{2.23}$$

式（2.23）说明，在电枢表面上不同位置的电枢磁动势的大小是不同的，它与 $x$ 成正比。若规定电枢磁动势由电枢指向主极为正，则根据式（2.23）可以画出电枢磁动势沿电枢圆周的分布曲线，称为电枢磁动势曲线，如图2.15（b）中的三角形波，在正、负两个电刷中点处，电枢磁动势为零，在电刷轴线处（$x$=极距/2）达最大值 $F_a$。知道了电枢磁动势分布曲线，在忽略铁芯磁阻的情况下，可以根据电枢周围各点气隙长度求得磁通密度分布曲线。如果气隙是均匀的，即 $\delta$ 为常数，则在极靴范围内，磁通密度分布也是一条通过原点的直线。但在两极极靴之间的空间内，因气隙长度增加，磁阻急剧增大，虽然此处磁动势较大，但磁通密度反而减小，因此磁通密度分布曲线呈马鞍形，曲线如图2.15（b）所示。为了分析电枢磁动势对主磁场的影响，在图2.15的基础上标明主极极性，因为是电动机，导体电动势与电流反方向，所以可用左手定则判定电枢转向为由右向左，这样就得到了如图2.16所示的电动机有负载时的合成磁场。

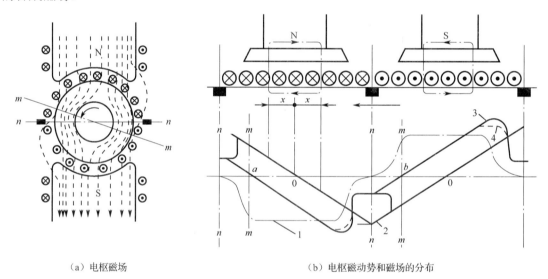

（a）电枢磁场　　　　　　　　　　（b）电枢磁动势和磁场的分布

1—空载磁场；2—负载磁场；3—合成磁场；4—考虑饱和时的磁场；m—m 线—物理中性线；n—n 线—几何中性线

图 2.16　电动机有负载时的合成磁场

从图2.16中可以看出，磁场在电枢进入主磁极边时增强，在电枢离开主磁极边时削弱。合成磁场的分布情况和空载时不同，发生了畸变。但每极的总磁通仍和空载时相等。因为在一半磁极下所增加的磁通恰好等于在另一半磁极下所减少的磁通。交轴电枢磁动势对主磁场的影响称为交轴电枢反应。在磁路不饱和时，交轴电枢反应仅使电动机的磁场分布发生畸变。磁场畸变的结果使磁通密度为零的点 $a$、$b$ 从几何中性线移动了一个角度，如图2.16（b）所示。图中 m—m 为合成磁场为零值的线（即通过 $a$、$b$ 两点的直线），称为物理中性线。物理中性线是可以移动的，而几何中性线则是固定的。只有在空载时，物理中性线才和几何中性线重合。

一般来说，在电枢磁场进入主磁极边时磁场增强，使磁极和齿之间的磁场发生饱和，磁阻增大。所以，在主磁动势和电枢磁动势的合成作用下，进入磁极边（简称进入边）产生的磁场比不考虑饱和影响时小，如图2.16（b）中的曲线4所示。由此可知，电枢磁场在退出磁极边（简称退出边）时削弱主磁场的程度要比在进入磁极边时增强主磁场的程度大得多。

#### 3. 电枢反应的结论

（1）使气隙合成磁场的分布发生畸变。当直流电动机存在交轴电枢反应时，气隙磁场由主磁场和交轴磁场组合而成。交轴电枢反应将对气隙合成磁场产生两大影响：在电枢磁场进入主磁极边时磁场被增强；在电枢磁场退出主磁极边时磁场被削弱。

（2）产生去磁效应。在磁路不饱和的前提下，每极的总磁通和空载时一样；当磁路饱和时，使总磁通减小，称为去磁效应。

## 2.4 直流电动机方程

### 2.4.1 电动势与电磁转矩

#### 1. 电动势

电动机电枢运行时，电枢绕组切割气隙磁场就会感应出电动势。绕组电动势是正、负电刷之间的电动势，是每条支路中各串联导体感应电动势的总和。由于支路内各导体分布在气隙磁场的位置不同，因此感应电动势不同。电动机电枢电动势表达式为

$$E = \frac{pN}{60a} n\Phi = C_e n\Phi \tag{2.24}$$

式中，$p$ 为电动机磁极对数；$N$ 为电枢总导体数；$a$ 为电枢绕组并联支路对数；$\Phi$ 为每极磁通（Wb）；$n$ 为电动机转速（r/min）；$C_e$ 为电动势常数，与电动机结构有关，$C_e = pN/(60a)$。

对于已经制造好的直流电动机，其电枢电动势的大小正比于每极磁通 $\Phi$ 和转速 $n$，电枢电动势的方向由电动机转向和主磁场方向决定。

#### 2. 电磁转矩

在直流电动机中，电磁转矩是由电枢电流与气隙磁场相互作用产生的电磁力所形成的。电枢绕组中各元件所产生的电磁转矩方向相同。电磁转矩表达式为

$$T_{em} = \frac{pN}{60a} \Phi I_a = C_T \Phi I_a \tag{2.25}$$

式中，$I_a$ 为电枢电流（A）；$C_T$ 为转矩常数，与电动机结构有关。

可以看出，电磁转矩的大小与每极磁通 $\Phi$ 和电枢电流 $I_a$ 成正比变化，电磁转矩的方向可以根据主磁场方向和电枢电流方向确定。电动势常数和转矩常数是恒定的，两者之间有如下关系：

$$C_T = 9.55 C_e \tag{2.26}$$

### 2.4.2 电动势、功率和转矩平衡方程式

直流电动机的各种平衡方程式与励磁方式有关，下面以并励直流电动机为例，根据电学和力学的基本规律，分析其平衡关系，得到电动势平衡方程式、功率平衡方程式和转矩平衡方程式。

#### 1. 电动势平衡方程式

在直流电动机中，电枢电流 $I_a$ 与电枢电动势方向相反，电源电压与电枢电动势和电枢压

降相平衡,因此电动势平衡方程式为

$$U = E_a + I_a R_a \tag{2.27}$$

$$E_a = U - I_a R_a \tag{2.28}$$

式中,$R_a$ 为电枢电阻（Ω）。

并励电动机输入电流 $I$ 与电枢电流 $I_a$ 和励磁电流 $I_f$ 之间的关系为

$$I = I_a + I_f \tag{2.29}$$

### 2. 功率平衡方程式

将电动势平衡方程式两边乘以 $I_a$,有

$$UI_a = E_a I_a + I_a^2 R_a \tag{2.30}$$

式中,$UI_a$ 为输入电动机的电功率 $P_1$（W）；$E_a I_a$ 为电动机的电磁功率 $P_{em}$（W）；$I_a^2 R_a$ 为电枢回路的铜损耗 $P_{Cu}$（W）；

对于并励电动机,励磁回路上所消耗的功率 $P_{Cuf}$ 也来自于输入电流 $I$。因此,直流电动机的功率平衡方程式为

$$P_1 = P_{em} + P_{Cu} + P_{Cuf} \tag{2.31}$$

由于电枢旋转,从电磁功率 $P_{em}$ 转变为输出功率前还有一部分转化为机械损耗 $P_m$ 和铁损耗 $P_{Fe}$。无论直流电动机是否带有负载,这两部分损耗都是存在的,称为空载损耗,以 $P_0$ 表示,即

$$P_0 = P_m + P_{Fe} \tag{2.32}$$

$$P_{em} = P_2 + P_m + P_{Fe} \tag{2.33}$$

或者

$$P_{em} - P_0 = P_2$$

因此,并励电动机的功率平衡方程式可以写为

$$P_1 = P_2 + P_{Cu} + P_{Cuf} + P_0 \tag{2.34}$$

功率平衡关系也可以用图 2.17 所示的功率平衡图（能量图）来表示。

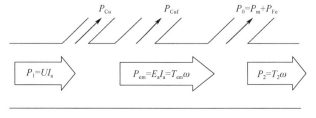

图 2.17 功率平衡图

### 3. 转矩平衡方程式

转矩平衡方程式可以分为静态转矩平衡方程式和动态运动方程式两种。

直流电动机在稳定状态下运行,对于直流电动机而言,电磁转矩并不等于电动机轴上的输出转矩。因为电磁转矩只有在克服了电动机本身的阻转矩（也称空载转矩）之后,才能从电动机轴上输出机械功率用于拖动机械负载。将式（2.33）两边同时除以电动机角速度 $\omega$,就得到电动机的静态转矩平衡方程式

$$T_{em} - T_0 = T_2 \tag{2.35}$$

式中 $T_{em}$——电动机的电磁转矩（N·m）；

$T_0$——电动机的空载转矩（N·m）,数值很小,一般为负载转矩的 2%～6%,在工程上

计算时常忽略不计；

$T_2$——电动机的输出转矩（N·m），输出转矩 $T_2$ 和负载转矩 $T_L$ 相等。

当直流电动机的转速发生变化时，由于转动部分存在转动惯量，所以将会产生一个动态转矩 $T_j$。在电力拖动系统中，电动机所产生的电磁转矩 $T_{em}$ 总和电动机轴上的负载转矩 $T_L$ 及动态转矩 $T_j$ 相平衡，以运动方程式表示为

$$T_{em} - T_L = T_j \tag{2.36}$$

动态转矩 $T_j$ 使系统转速 $\omega$（rad/s）发生变化 $d\omega/dt$，其大小与转动惯量 $J$ 成反比，即

$$T_j = J\frac{d\omega}{dt} \tag{2.37}$$

旋转部分的转动惯量 $J$ 的计算式为

$$J = m\rho^2 \tag{2.38}$$

式中，$m$ 为旋转部分质量；$\rho$ 为旋转体的半径。

由式（2.36）和式（2.37）可得运动方程式为

$$T_{em} - T_L = J\frac{d\omega}{dt} \tag{2.39}$$

实际上，理论研究和工程计算中不采用转动惯量 $J$，而采用飞轮转矩 $GD^2$。

$$J = m\rho^2 = \frac{G}{g} \cdot \frac{D^2}{4} = \frac{GD^2}{4g} \tag{2.40}$$

式中，$G$ 为旋转部分的重量；$g$ 为重力加速度；$GD^2$ 为一个整体的物理量，称为飞轮转矩。

于是转矩运动方程式可以写成实用计算形式：

$$T_{em} - T_L = \frac{GD^2}{375} \cdot \frac{dn}{dt} \tag{2.41}$$

式（2.41）表示出了电动机的稳态运行方式与动态运行方式。

当 $\frac{dn}{dt} = 0$ 时，$n=C$，电动机处于稳定运行状态，此时 $T_{em}=T_L$。

当 $\frac{dn}{dt} \neq 0$ 时，$n \neq C$，电动机处于暂态运行状态，此时 $T_{em}-T_L \neq 0$。这时有两种情况：

① $T_{em}-T_L>0$，$\frac{dn}{dt}>0$，电动机处于加速状态；

② $T_{em}-T_L<0$，$\frac{dn}{dt}<0$，电动机处于减速状态。

## 2.5 三相异步电动机的结构

### 1. 定子

三相异步电动机通常包括定子和转子两部分。定子主要包括定子铁芯和定子绕组，转子也由铁芯和绕组组成。按照转子结构划分，有鼠笼式和绕线式两种电动机结构。鼠笼式转子绕组按照材料可以分为铜条和铸铝两大类。绕线式转子绕组的结构与定子绕组大致相同。绕线转子三相绕组星形连接，三相绕组的首端分别与电刷和滑环连接。

三相异步电动机主要由定子和转子两部分组成，定子和转子间有气隙，此外还有端盖、

轴承和通风装置等，三相异步电动机的结构如图 2.18 所示。

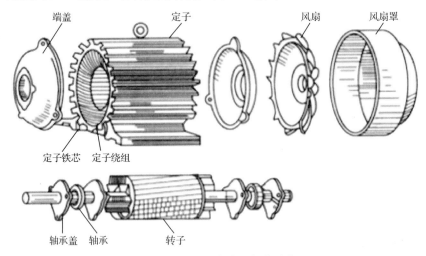

图 2.18 三相异步电动机的结构

定子是电动机固定不动的部分，包括定子铁芯、定子绕组和机座等。定子铁芯是电动机磁场内部磁通经过的路径，考虑到降低铁损的要求，通常由磁导性能较好的硅钢片叠压制成。铁芯内圆周表面有槽孔，用于嵌放定子绕组。定子冲片及定子铁芯结构如图 2.19 所示。

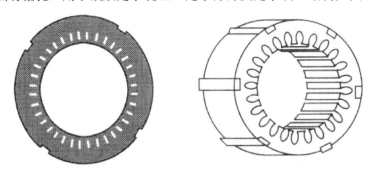

图 2.19 定子冲片及定子铁芯结构

定子绕组通常由多匝高强度漆包线组成。三相定子绕组在定子内部圆周对称布置。每相绕组的首端 $U_1$、$V_1$、$W_1$ 和末端 $U_2$、$V_2$、$W_2$ 通过机座的接线盒连接到三相电源上，按照使用要求，定子绕组可以有星形或三角形两种连接形式。

由于机座用于固定和支撑定子铁芯，所以机座应有足够的机械强度和刚度。

**2. 转子**

三相异步电动机的转动部分称为转子，它由转子铁芯、绕组和转轴三部分组成，转子靠轴承和端盖支撑。

转子铁芯也是异步电动机主磁路的一部分，它用冲有槽的硅钢片彼此绝缘叠装而成。转子硅钢片如图 2.20 所示。转子铁芯固定在转轴或转子支架上，整个转子铁芯的外表呈圆柱形，转子铁芯外围也开有均匀分布的槽，槽内安放转子绕组。

三相异步电动机的转子绕组根据结构形式不同，可分为笼型转子与绕线式转子两种。

笼型转子绕组做成鼠笼状，就是在转子铁芯每个槽中放一根铜条，其两端用导电的端环把所有铜条连接起来，形成一个短接回路。如果去掉转子铁芯，转子绕组的形状即呈笼型，所以叫笼型转子绕组，如图 2.21 所示。也有的在转子槽中浇入熔化的铝水，形成铸铝转子，如图 2.22 所示。由于铸铝转子结构简单、维护量小和成本低，故其在实际应用中较为普遍。

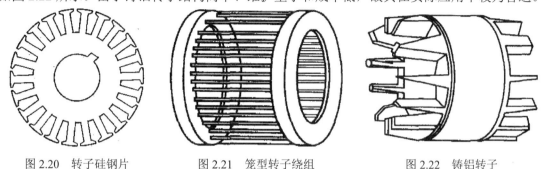

图 2.20　转子硅钢片　　　图 2.21　笼型转子绕组　　　图 2.22　铸铝转子

绕线式转子铁芯外部的槽内嵌放对称的三相绕组。绕线式异步电动机转子如图 2.23 所示。

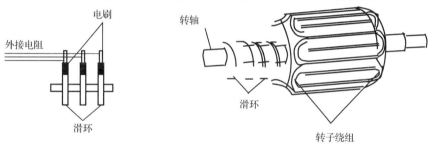

图 2.23　绕线式异步电动机转子

### 3．转轴

转轴一般用碳钢制成，转子铁芯固定在转轴上，转轴借助前端盖及后端盖固定在机座上。转轴前端开有键槽，可与带轮连接，传递电磁转矩，其后端接风扇或滑环。

## 2.6　电动机原理

如图 2.24 所示，如果定子绕组接成星形并通入交流电，则定子绕组中流过对称三相电流，从而产生旋转磁场。假设通入定子三相绕组的电流表达式为

$$i_A = \sqrt{2} I_p \sin \omega t$$
$$i_B = \sqrt{2} I_p \sin(\omega t - 120°)$$
$$i_C = \sqrt{2} I_p \sin(\omega t + 120°)$$

（2.42）

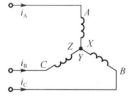

图 2.24　定子绕组接到对称三相电源

取绕组始端到末端的方向作为电流的参考方向，那么当位于电流正半周时，其值为正，即电流实际方向与参考方向相同。在负半周时，其值为负，即电流实际方向与参考方向相反。当对称三相绕组中分别通入三相交流电后，在 AX、BY、CZ 中将产生各自的交变磁场，三个交变磁场将合成一个两极旋转磁场，如图 2.25 所示，它反映了交流电变化一个周期旋转磁场的变化情况。

对两极磁场，电流变化一周，则磁场旋转一周。同步转速 $n_0$ 与磁场磁极对数 $p$ 满足

$$n_0 = \frac{60f_1}{p} \quad (2.43)$$

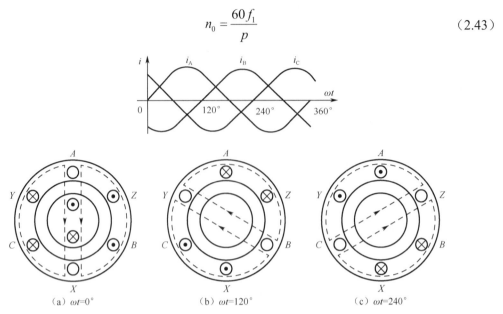

图 2.25 交流电变化一个周期旋转磁场的变化情况

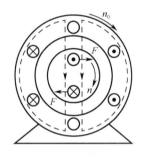

图 2.26 三相异步电动机工作原理示意图

图 2.26 所示为三相异步电动机工作原理示意图,当定子绕组接通三相交流电源后,绕组中便有三相交变电流通过,并在空间产生旋转磁场。若旋转磁场按顺时针方向旋转,则转子同旋转磁场间就有了相对运动,而且转子的转速低于旋转磁场的转速,相当于转子导体逆时针旋转切割磁力线而产生感应电动势。按照右手定则,得到转子感应电动势的方向如图 2.26 所示。在感应电动势的作用下,闭合的转子导体中出现感应电流,它与感应电动势方向相同。

载流导体在磁场中的相互作用产生电磁力 $F$,力的方向根据左手定则判断。在电磁力产生转矩的作用下转子即旋转。可以看出,转子的转向与旋转磁场转向一致。因此,如果想让电动机反向旋转,通过改变旋转磁场转向就可以实现。

电磁力 $F$ 的大小和方向符合左手定则。电磁力在转轴上形成的电磁转矩的方向和旋转磁场的方向相同。正常情况下,转子转速 $n$ 小于同步转速 $n_0$,同步转速和转子转速不同,所以又称交流异步电动机。异步电动机同步转速和转子转速的差值与同步转速的比值称为转差率 $s$,通常用百分数表示:

$$s = \frac{n_0 - n}{n_0} \times 100\% \quad (2.44)$$

转差率是表征异步电动机性能的重要变量之一。额定负载情况下转差率一般为 1%~5%。

## 2.7 三相异步电动机的机械特性

### 2.7.1 电磁转矩

电磁转矩 $T$ 与转子电流的有功分量 $I_2\cos\varphi_2$ 及定子旋转磁场的每极磁通 $\Phi$ 成正比,表达式为

$$T = C_T \Phi I_2 \cos\varphi_2 \tag{2.45}$$

式中，$C_T$ 是和电动机结构有关的常数。将 $I_2$、$\cos\varphi_2$ 的表达式及 $\Phi$ 与 $U_1$ 的关系式代入上式，电磁转矩还可以表示为

$$T = K \frac{sR_2 U_1^2}{R_2^2 + (sX_{20})^2} \tag{2.46}$$

式中，$K$ 为常数。电磁转矩 $T$ 受到转差率 $s$ 的影响，电磁转矩 $T$ 与定子每相电压 $U_1$ 的平方成正比，转矩对电压的变化非常敏感。电磁转矩 $T$ 还和转子电阻 $R_2$ 的大小有关。

### 2.7.2 电动机的机械特性

机械特性是反映电动机的转矩和转速之间关系的性能曲线。三相异步电动机的机械特性曲线如图 2.27 所示。电动机开始启动（$n=0$，$s=1$）时的转矩称为启动转矩。

$$T_q = K \frac{R_2 U_1^2}{R_2^2 + X_{20}^2}$$

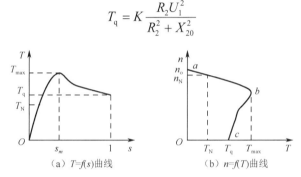

图 2.27 三相异步电动机的机械特性曲线

电动机在额定负载下工作时的电磁转矩称为额定转矩，不计空载损耗影响，额定转矩与机械负载转矩大致相等。

$$T_N = T_2 = 9550 \frac{P_N}{n_N} \tag{2.47}$$

式中，$P_N$ 为额定功率（kW）；$n_N$ 为额定转速（r/min）。

## 2.8 三相异步电动机的控制

### 2.8.1 三相异步电动机的启动

1）直接启动

直接启动指采用闸刀开关或接触器把电动机直接与额定电源电压相连，有时也称全压启动。这种启动方式的优点是启动方法简单，易于实现；不足之处就是启动过程中的电流大，会导致线路电压下降，影响电网中其他负载的正常运行。

2）降压启动

星形-三角形（Y-△）降压启动是指启动过程中把定子绕组按照星形连接，当转速将要达到额定转速时再将定子绕组转换为三角形接法，如图 2.28 所示。这种启动方式的好处在于启

动电流较小,大致为全压启动时的 1/3;不足之处是启动转矩也降为全压启动时的 1/3。

自耦降压启动如图 2.29 所示,在启动过程中,采取调节三相自耦变压器抽头的方式把电动机端电压适当减小,可以减小启动电流。

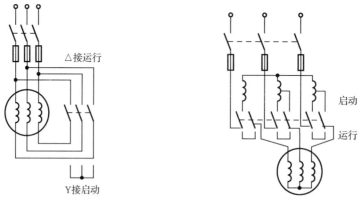

图 2.28  星形-三角形降压启动　　　　图 2.29  自耦降压启动

当在绕线式异步电动机转子绕组中串入外加电阻时,不仅能够降低启动电流,而且会增大启动转矩,如图 2.30 所示。

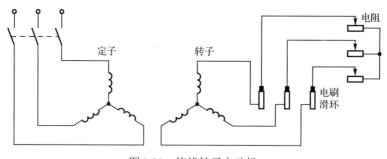

图 2.30  绕线转子电动机

## 2.8.2  三相异步电动机的调速

三相异步电动机的转速计算式为

$$n = (1-s)n_0 = (1-s)\frac{60f_1}{p} \tag{2.48}$$

1)变极调速

通过改变电动机的定子绕组所形成的磁极对数 $p$ 来调速,称为变极调速。变极调速的速度调节不连续,而且电动机定子绕组的制造和加工比较困难。

2)变频调速

利用变频器使电源频率和电压发生变化,然后供给三相异步电动机来达到负载需要的速度,称为变频调速。变频调速属于无级调速,此种方法的缺点是需要额外增加设备,初期投资增大。

3)变转差率调速

采用在转子绕组中串接外加电阻调整转差率的方法来平滑调速,称为变转差率调速。变转差率调速仅适用于转子电阻可变的绕线式异步电动机。

### 2.8.3 三相异步电动机的反转

三相异步电动机的转动方向始终与旋转磁场的方向相同，旋转磁场的转向与定子绕组中通入三相电流的相序有关。如果想让电动机反方向旋转，通过调换定子三相绕组电源的任意两相就可以实现，电源的相序改变必然引起旋转磁场方向的改变，进而使转子转向改变。

### 2.8.4 三相异步电动机的制动

1) 能耗制动

电动机定子绕组切断三相电源后迅速接通直流电源。感应电流与直流电产生的固定磁场相互作用，产生的电磁转矩方向与电动机转子转动方向相反，起到制动作用。其优点是制动准确、平稳，缺点是增加了额外的直流电源。能耗制动如图2.31所示。

2) 电源反接制动

电动机停车时将三相电源中的任意两相对调，使电动机产生的旋转磁场改变方向，电磁转矩方向也随之改变，成为制动转矩。电源反接制动如图2.32所示。

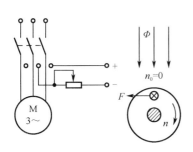
图 2.31 能耗制动

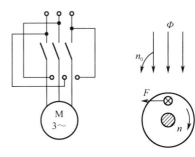
图 2.32 电源反接制动

其优点是方法简单，制动效果好。但由于反接时旋转磁场与转子间的相对运动加快，因而电流较大。对于功率较大的电动机，制动时必须在定子电路（鼠笼式）或转子电路（绕线式）中接入电阻，用以限制电流。

3) 发电反馈制动

当电动机的转速超过旋转磁场的转速时，电磁转矩的方向与转子的运动方向相反，从而限制转子的转速，起到制动作用。此方法称为发电反馈制动，如图2.33所示。

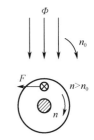
图 2.33 发电反馈制动

## 2.9 常用低压电器

在低压供电系统中使用的电器，称为低压电器。电器按照其动作性质，可分为自动电器和手动电器。手动电器是通过人力操纵而动作的电器。按照电器的职能，又可分为控制电器和保护电器。控制电器是用来控制用电设备工作状态的电器；保护电器是用来保护电源和用电设备的电器。有些电器既有控制作用,又有保护作用。

### 2.9.1 手动开关

#### 1. 刀开关

刀开关是结构简单而且应用广泛的一种手动电器。其主要功能是接通和切断长期工作设备的电源及不经常启动和制动的设备。

刀开关的结构如图 2.34 所示。刀片和刀座安装在瓷质底板上,并用胶木盖罩住。胶盖可以熄灭由于切断电源时在刀片和刀座间产生的电弧,并可保障操作人员的安全。刀开关的选用主要考虑额定电压和长期工作电流。刀开关的图形符号和文字符号如图 2.35 所示。

图 2.34 刀开关的结构　　　　图 2.35 刀开关的图形符号和文字符号

#### 2. 组合开关

组合开关又叫转换开关,是手动控制电器。

组合开关的结构示意图如图 2.36 所示,转轴上装有弹簧和凸轮机构,可使动、静触片迅速离开,快速熄灭切断电路时产生的电弧。

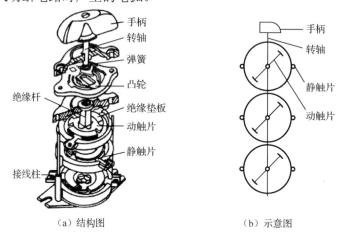

图 2.36 组合开关的结构示意图

组合开关的图形符号和文字符号如图 2.37 所示。

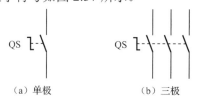

图 2.37 组合开关的图形符号和文字符号

## 2.9.2 按钮

按钮是控制线路中常用的一种最简单的手动控制电器。其结构如图 2.38 所示,主要由按钮帽和触点组成。按动作状态的不同,按钮的触点可分为动合触点和动断触点两种,动合触点是按钮未按下时断开、按下后闭合的触点;动断触点与动合触点动作正好相反。如果按钮动合触点和动断触点是桥式联动的,则当按下按钮帽时,动触点下移,使动断触点断开,动合触点闭合。这种按钮称为复合按钮。使用时,可根据需要只选其中的动合触点或动断触点,也可以两者同时选用。

按钮的图形符号和文字符号如图 2.39 所示。

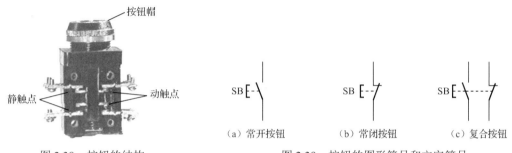

图 2.38 按钮的结构　　　　图 2.39 按钮的图形符号和文字符号

按钮的种类很多,例如,有的按钮只有一组动合或动断触点;有的按钮是由两个或三个复合按钮组成的双联或三联按钮;有的按钮还装有信号灯,以显示电路的工作状态。按钮触点的接触面积都很小,额定电流通常不超过 5A。

## 2.9.3 交流接触器

交流接触器是一种自动负荷开关,兼有失压保护作用。交流接触器的结构如图 2.40 所示。

**1. 交流接触器的组成**

(1) 电磁机构的功能是把电磁能转换为机械能,从而利用电磁吸力使触点动作。

(2) 触点系统按动作状态可以分为动合触点和动断触点。按容量可分为主触点和辅助触点,主触点比辅助触点的额定电流大,用来接通和分断大电流的主电路;而辅助触点可以接通和分断小电流的控制电路。

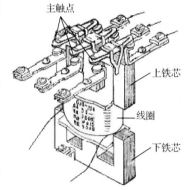

图 2.40 交流接触器的结构

(3) 对于小容量的接触器,常采用双断口触点灭弧、电动力灭弧、相间弧板隔弧及陶土灭弧罩灭弧。对于大容量的接触器,采用纵缝灭弧罩及栅片灭弧。

**2. 交流接触器的工作原理**

当吸引线圈两端施加额定电压时,产生电磁力,将动铁芯(上铁芯)吸下,动铁芯带动动触点一起下移,使动合触点闭合接通电路,动断触点断开切断电路。当吸引线圈断电时,铁芯失去电磁力,动铁芯在复位弹簧的作用下复位,触点系统恢复常态。

交流接触器的图形符号和文字符号如图 2.41 所示。

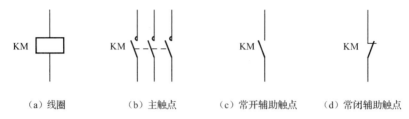

图 2.41 交流接触器的图形符号和文字符号

**3. 交流接触器的技术参数**

（1）额定电压是主触点的额定电压，在接触器铭牌上标注。常用的有交流 220V、380V、660V。

（2）额定电流是主触点的额定电流，在接触器铭牌上标注。

（3）线圈的额定电压是指加在线圈上的电压。常用的有交流 220V 和 380V。

（4）接通和分断能力主要是指主触点在规定运行状态允许接通和分断的电流值。

（5）额定操作频率主要指接触器每小时的接通和分段次数。交流接触器最高操作频率为 600 次/h。

### 2.9.4 继电器

**1. 中间继电器**

中间继电器广泛应用于继电保护与自动控制系统中，以增加触点的数量及容量。其主要功能是实现电路中中间信号的传递。中间继电器的结构和原理与交流接触器基本相同。其文字符号和图形符号如图 2.42 所示。

图 2.42 中间继电器的文字符号和图形符号

**2. 热继电器**

热继电器是利用电流的热效应来使触点闭合或断开的保护电器，功能是对电动机进行过载保护、断相保护、电流不平衡保护，以及其他电气设备过热状态时的保护。其结构示意图如图 2.43 所示。

在电动机正常运行时，发热元件 3 产生的热量不足以使双金属片 2 弯曲，一旦电动机过载，电流即增大，使双金属片发热变形严重，足够时间后双金属片弯曲到推动导板 4，并通过补偿双金属片 5 与推杆 14 将动触点 9 和静触点 6 分开，动触点 9 和静触点 6 为热继电器串于接触器线圈回路的常闭触点，断开后使接触器线圈失电，接触器的主触点断开电动机的电源以保护电动机。

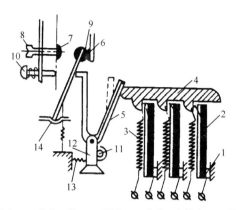

1—固定端；2—双金属片；3—发热元件；4—导板；5—补偿双金属片；6—静触点；7—常开触点；
8—复位螺钉；9—动触点；10—复位按钮；11—调节旋钮；12—支撑杆；13—压簧；14—推杆

图 2.43 热继电器的结构示意图

调节旋钮 11 为一个偏心轮，它可以调节整定热继电器动作电流。复位螺钉 8 使热继电器能工作在手动复位和自动复位两种工作状态。故障排除后要按下复位按钮 10 才能使热继电器复位。

热继电器只适用于不频繁启动、轻载启动的电动机进行过载保护。热继电器的图形符号和文字符号如图 2.44 所示。

(a) 发热元件　　　　　(b) 常开触点　　　　　(c) 常闭触点

图 2.44 热继电器的图形符号和文字符号

### 3．时间继电器

时间继电器的功能是可以延迟一定时间或定时接通和分断某些控制电路。时间继电器的种类很多，应用较多的是空气式时间继电器，它有通电延时型和断电延时型两种。

图 2.45 所示为通电延时型时间继电器的结构原理图，当吸引线圈 1 通电后，动铁芯 3 被吸下，连同托板 4 瞬时下移，使瞬时微动开关 6 的动合触点闭合、动断触点分断。同时，在托板 4 与活塞杆 12 顶端形成一段距离。在恢复弹簧 15 的作用下，活塞杆 12 向下移动，与橡皮膜 16 相连，当活塞杆带动橡皮膜下移时受到空气的阻尼作用。因为气室 8 的空气需要由进气孔 7 慢慢补充，气体稀薄。而气室 8 下部空气压力大，在橡皮膜的两面形成很大的压力差，使活塞杆下降缓慢，延长了时间。当移动到最后位置时，活塞杆带动撞板 9 压下延时动作微动开关 10，使延时动断触点 13 断开、延时动合触点 14 接通，达到通电延时的作用。

通电延时型时间继电器有两对延时触点，一对是延时断开的动断触点，一对是延时闭合的动合触点。此外，还有两对瞬时动作触点：一对动合触点和一对动断触点。

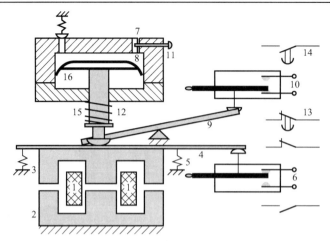

1—吸引线圈；2—静铁芯；3—动铁芯；4—托板；5、15—恢复弹簧；6—瞬时微动开关；7—进气孔；8—气室；9—撞板；10—延时动作微动开关；11—调节螺钉；12—活塞杆；13—延时动断触点；14—延时动合触点；16—橡皮膜

图 2.45　通电延时型时间继电器的结构原理图

将通电延时型时间继电器的铁芯倒装一下就变成了断电延时型时间继电器。它也有两对延时触点：一对是延时闭合的动断触点，一对是延时断开的动合触点。此外，还有两对瞬时动作触点：一对动合触点和一对动断触点。

空气式时间继电器的优点是延时范围大（0.4~180s）、结构简单、寿命长、价格低廉。其缺点是延时误差大（±10%~±20%），无调节刻度指示，难以精确整定延时时间。

时间继电器的图形符号和文字符号如图 2.46 所示。

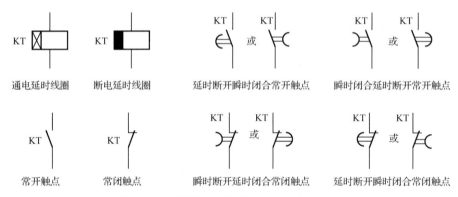

图 2.46　时间继电器的图形符号和文字符号

## 2.9.5　熔断器

熔断器基于电流热效应原理和发热元件热熔断原理设计，具有一定的瞬动特性，用于电路的短路保护和严重过载保护。

熔断器熔体材料一般采用铅锡合金、镀银铜片、锌、银等金属。熔断器串接于被保护电路，当电路短路或严重过载时，熔体迅速熔断，从而切断故障电路，达到保护设备和人身安全的目的。

熔断器的图形符号和文字符号如图 2.47 所示。

图 2.47　熔断器的图形符号和文字符号

## 2.9.6 自动空气开关

自动空气开关又称为空气开关或断路器,是自动控制电器,兼有保护作用。它在控制线路中用于电路的短路、过载和失压(零压或欠压)保护。近年来有些断路器还具有接地故障保护功能。

自动空气开关的主触点是靠手动操作或电动合闸的,其工作原理图如图 2.48 所示。断路器结构紧凑,体积小,工作安全可靠,切断电流的能力大,且开关时间短,目前应用非常广泛。

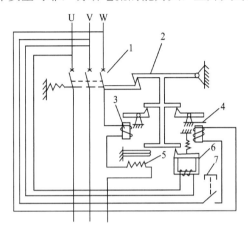

1—主触点;2—自由脱扣机构;3—过电流脱扣器;4—分励脱扣器;5—热脱扣器;6—欠电压脱扣器;7—停止按钮

图 2.48　自动空气开关工作原理图

选用断路器时,如果用于保护笼型电动机,则电磁脱扣器整定电流等于 8~15 倍电动机的额定电流;如果用于保护线绕式电动机,则电磁脱扣器整定电流等于 3~6 倍电动机的额定电流。

自动空气开关的图形符号和文字符号如图 2.49 所示。

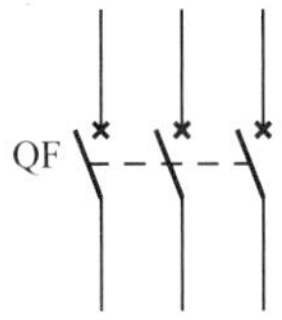

图 2.49　自动空气开关的图形符号和文字符号

## 2.10　笼型电动机的直接启动

如图 2.50 所示为中小容量笼型电动机直接启动控制线路(仅画出了长动控制线路)结构示意图,其中用到的电器有自动空气开关 QF、交流接触器 KM、热继电器 FR、按钮 SB。

工作原理如下。

先将自动空气开关 QF 闭合,当按下启动按钮 $SB_1$ 时,交流接触器 KM 的线圈通电,吸引交流接触器 KM 的衔铁带动连杆动作。此时,交流接触器 KM 的主触点闭合,其常开辅助触点也闭合。松开 $SB_1$ 时,由于交流接触器 KM 的常开辅助触点与 $SB_1$ 并联,电流仍然可以通过常开辅助触点使交流接触器 KM 的线圈维持通电，能够使接触器主触点一直处于闭合状态，具有这样作用的常开辅助触点称为自锁触点。

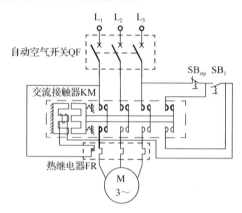

图 2.50　中小容量笼型电动机直接启动控制线路结构示意图

自动空气开关 QF 可以起到过流保护和短路保护作用。

交流接触器 KM 可以起到欠压保护作用，因为当电压过低时，交流接触器的衔铁释放而使主触点断开。当电压恢复正常时，电动机不能自行启动，需要重新按下启动按钮。

热继电器 FR 起到过载保护作用。

图 2.50 所示的控制线路可以分为**主电路**和**控制电路**两部分。

主电路是：

三相电源—自动空气开关 QF—KM 的主触点—热继电器 FR—三相交流异步电动机。

控制电路是：

停止按钮 $SB_{stp}$—启动按钮 $SB_1$—KM 的常开辅助触点—FR 热继电器。

主电路可以通过大电流，而控制电路通过的电流很小，功率很小，因此可以实现小功率控制大功率，小电流控制大电流。

在图 2.50 中，各个电器都是按实际位置画出的，属于同一电器的各部分都画在一起，这样的图称为控制线路结构示意图。这样的画法比较容易识别电器，便于安装和维修。但当线路比较复杂时，就不容易分辨清楚。因此，为了设计线路和读图的方便，控制电路通常根据其作用原理画出，把主电路和控制电路清楚地分开。

在控制原理图中，各种电器都要按照国家标准用统一的符号来表示。笼型电动机的直接启动控制包括点动控制和长动控制，现分述如下。

## 2.10.1　笼型电动机的点动控制电路

笼型电动机点动控制电路如图 2.51 所示。图中 QF 为自动空气开关。该电路的动作过程如下。

闭合自动空气开关 QF→按下 SB→KM 线圈通电→KM 主触点闭合→电动机 M 启动运转。

松开 SB→KM 线圈断电→KM 主触点断开→电动机 M 停止运转。

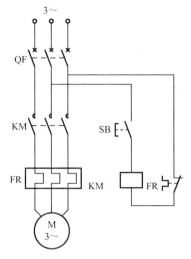

图 2.51 笼型电动机点动控制电路

## 2.10.2 笼型电动机的长动控制电路

所谓长动是指电动机能够长期、连续地转动。若在点动控制电路中再串联一个停止按钮 $SB_{stp}$，在启动按钮 SB 两端再并联一个接触器的常开辅助触点，即可构成如图 2.52 所示的长动控制电路。该电路的动作过程如下。

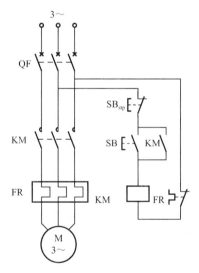

图 2.52 笼型电动机长动控制电路

闭合自动空气开关 QF→按下 SB→KM 线圈通电→KM 主触点闭合→电动机 M 启动运转；同时 KM 动合辅助触点闭合→实现自锁。

按下 $SB_{stp}$→KM 线圈断电→KM 主触点断开→电动机 M 停止运转；同时 KM 动合辅助触点断开→解除自锁。

## 2.10.3 笼型电动机的正反转

大多数设备运行过程中需要改变转向，例如，运料小车的前进与后退、起重机的提升与下降，都需要电动机两个方向旋转，这就需要控制电动机的转向。如图 2.53 所示为笼型电动机正反转控制电路。

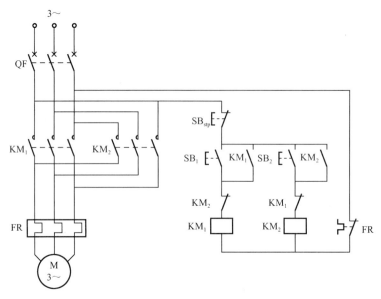

图 2.53 笼型电动机正反转控制电路

电路中的 $KM_1$ 和 $KM_2$ 分别为控制电动机正、反转的交流接触器，当 $KM_1$ 的主触点闭合而 $KM_2$ 的主触点断开时，电动机正转；反之，当 $KM_2$ 的主触点闭合而 $KM_1$ 的主触点断开时，把接到电动机的三根电源线互换了两根，故电动机反转。

必须注意，任何时刻都不允许 $KM_1$ 和 $KM_2$ 的主触点同时闭合，否则将造成电源的短路事故。也即不允许接触器 $KM_1$ 和 $KM_2$ 的线圈同时通电。为此在控制线路中，将 $KM_1$ 的动断辅助触点串入 $KM_2$ 的线圈电路中，将 $KM_2$ 的动断辅助触点串入 $KM_1$ 的线圈电路中，从而保证接触器 $KM_1$ 和 $KM_2$ 的线圈不会同时通过电流。这就是常说的电动机正反转的联锁或者互锁，这两个动断辅助触点称为联锁或者互锁触点。该电路的动作过程如下。

电动机正转启动：按下正转启动按钮 $SB_1$，正转交流接触器 $KM_1$ 的吸引线圈通电，$KM_1$ 主触点闭合，电动机正向运转。与 $SB_1$ 并联的 $KM_1$ 的动合触点闭合，实现自锁。$KM_1$ 的互锁触点断开，实现互锁。

电动机停转：按下停止按钮 $SB_{stp}$，交流接触器 $KM_1$ 线圈断电，其所有动合触点都断开，电动机停转。

电动机反转启动：按下反转启动按钮 $SB_2$，反转交流接触器 $KM_2$ 的吸引线圈通电，$KM_2$ 主触点闭合，电动机反向运转。与 $SB_2$ 并联的 $KM_2$ 的动合触点闭合，实现自锁。$KM_2$ 的互锁触点断开，实现互锁。

## 2.10.4 笼型电动机的联锁控制

上述线路存在的问题是不可直接由正转变为反转或由反转变为正转，若使电动机由正转变为反转，必须先按停止按钮 $SB_{stp}$，使互锁触点 $KM_1$ 闭合后，再按反转启动按钮 $SB_2$，才能使电动机反转；电动机由反转变为正转时也是如此，这在有些场合下是极不方便的。为此，可使用复合按钮。如图 2.54 所示为机械联锁正反转控制电路，该电路的主电路与图 2.53 相同，控制电路的工作原理也不难分析。

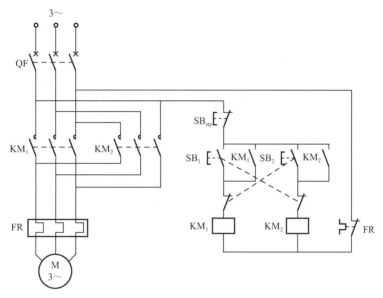

图 2.54　机械联锁正反转控制电路

## 2.10.5　行程（限位）控制

行程控制也称限位控制，是指当运动部件到达一定位置时，利用行程开关进行的控制。行程开关种类很多，图 2.55 所示为一般行程开关的外形图。

图 2.56 所示为行程开关工作原理图，图中有一个动合触点和一个动断触点，其状态的转换是由外力撞击挡块实现的。

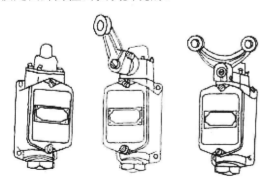

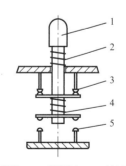

1—挡块；2—弹簧；3—动断触点；4—连杆；5—动合触点

图 2.55　一般行程开关的外形图　　图 2.56　行程开关工作原理图

生产中由于工艺和安全的要求，常常需要控制生产机械的行程和位置，如工作台的往返运动等，这可通过行程开关来控制。图 2.57 所示为用行程开关控制工作台自动往返的控制线路图。

行程开关 $ST_1$ 和 $ST_2$ 分别控制工作台左右移动的行程。当工作台移到预定位置时，相应行程开关与安装在工作台侧面的挡铁 I 和 II 发生碰撞，使工作台自动往返。其工作行程和位置由挡铁位置来调整。$ST_3$ 和 $ST_4$ 分别为左右终端限位保护开关。挡铁 I 只能和 $ST_1$、$ST_3$ 碰撞，挡铁 II 只能和 $ST_2$、$ST_4$ 碰撞。

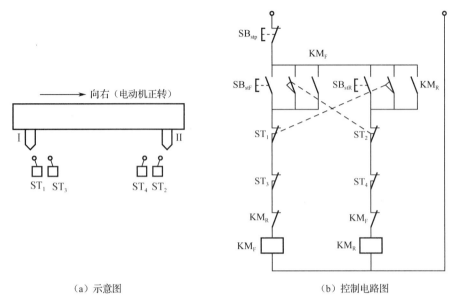

（a）示意图　　　　　　　　（b）控制电路图

图 2.57　用行程开关控制工作台自动往返的控制线路图

工作原理如下。

工作台向右移动（电动机正转启动）：

按下正转启动按钮 $SB_{stF}$，正转交流接触器 $KM_F$ 的吸引线圈通电，主触点 $KM_F$ 闭合，电动机正向运转，工作台向右移动。当工作台向右移到预定位置时，挡铁 I 碰撞行程开关 $ST_1$，$ST_1$ 的动断触点断开，使正转接触器 $KM_F$ 线圈断电，主触点断开。同时，$ST_1$ 的动合辅助触点闭合，接通反转控制线路，反转接触器 $KM_R$ 线圈通电，$KM_R$ 主触点闭合，电动机反转运行，工作台向左移动。挡铁 I 反向碰撞行程开关 $ST_1$，使 $ST_1$ 复位。

当工作台向左移到预定位置时，挡铁 II 碰撞行程开关 $ST_2$，$ST_2$ 的动断触点断开，使反转接触器 $KM_R$ 线圈断电，$KM_R$ 主触点断开。同时，$ST_2$ 的动合辅助触点闭合，接通正转控制线路，正转接触器 $KM_F$ 线圈通电，$KM_F$ 主触点闭合，电动机正转运行，工作台又向右移动。如此周而复始，工作台便在预定行程内自动往返，直到按下停止按钮 $SB_{stp}$ 为止。

运行过程中，当 $ST_1$ 或 $ST_2$ 失灵时，$ST_3$ 和 $ST_4$ 起作用，防止工作台超出极限位置而发生事故。

### 2.10.6　时间控制

前面已经了解了延时继电器的工作原理，现在介绍其具体应用。

三相笼型异步电动机星形-三角形降压启动控制电路就是利用延时继电器控制的典型电路。其工作原理是：在启动过程中电动机的定子绕组是星形连接，经过一定延时后转换为三角形连接，星形-三角形降压启动控制电路如图 2.58 所示。

工作原理如下。

按下启动按钮 $SB_2$，接触器 KM、$KM_Y$ 与时间继电器 KT 的线圈同时得电，接触器 $KM_Y$

的主触点将电动机接成星形,KM 的主触点闭合,电动机与电源接通,电动机星形降压启动。当延时继电器 KT 延时时间到,KM$_Y$ 线圈失电,KM$_\triangle$ 线圈得电,电动机主回路转换为三角形接法,电动机就在额定电压情况下运行。

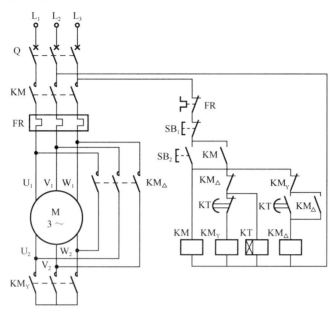

图 2.58 星形-三角形降压启动控制电路

# 第3章 三相同步电动机和永磁同步电动机

## 3.1 三相同步电动机

### 3.1.1 三相同步电动机的工作原理和结构

#### 1. 三相同步电动机的基本工作原理

三相同步电动机的基本工作原理是：当定子三相绕组接到三相对称电源上时，三相绕组中流过三相对称电流，产生一个圆形旋转磁场。转子励磁绕组通入直流励磁电流后，转子具有了固定的磁极极性。当转子转速接近旋转磁场的同步转速时，旋转磁场的磁极对转子磁极产生电磁拉力，牵着转子以同步转速旋转。由于定子旋转磁场的转速与转子的转速相等，即 $n=n_1$，所以称其为同步电动机。

三相交流电动机的转子转速 $n$ 与定子电流的频率 $f_1$ 满足方程式 $n=(60f_1)/p$。当同步电动机的负载变化时，只要电源频率不变，电动机的转速就不变。

我国电力系统的频率 $f$ 规定为50Hz，电动机的极对数 $p$ 又应为整数，这样一来，同步电动机的转速 $n$ 与极对数 $p$ 之间有着严格的对应关系，如 $p=1,2,3,4\cdots$，则 $n=3000\text{r/min},1500\text{r/min},1000\text{r/min},750\text{r/min}\cdots$。

同步电机主要用作发电机，用作电动机的也不少，不过比起三相异步电动机来，同步电动机用得并不广泛。

#### 2. 三相同步电动机的结构

随着工业的迅速发展，一些生产机械要求的功率越来越大，如空气压缩机、鼓风机、球磨机、电动发电机组等，它们的功率达数百乃至数千千瓦，采用同步电动机拖动更为合适。这是因为大功率同步电动机与同容量的异步电动机比较，有明显的优点。首先，同步电动机的功率因数较高，在运行时，不仅不会使电网的功率因数降低，相反还能够改善电网的功率因数，这点是异步电动机做不到的。其次，对大功率低转速的电动机，同步电动机的体积比异步电动机的要小些。近年来，小功率永磁转子同步电动机已有研制。

三相同步电动机的结构主要也由定子和转子两大部分组成。定子、转子之间是空气隙。三相同步电动机的定子部分与三相异步电动机的定子部分完全一样，也是由机座、定子铁芯和电枢绕组三部分组成的。其中电枢绕组也就是前面介绍过的三相对称交流绕组。

同步电动机的转子上装有磁极，一般做成凸极式的，即有明显的磁极，如图3.1所示，磁极用钢板叠成或用铸钢铸成。在磁极上套有线圈，各磁极上的线圈串联起来，构成励磁绕组。在励磁绕组中通入直流电流 $I_f$，便使磁极产生了极性，如图3.1中的N、S极。

大容量高转速的同步电动机转子也有做成隐极式的，即转子是圆柱体，里面装有励磁绕组。隐极同步电动机转子如图 3.2 所示，可以看出其空气隙是均匀的。

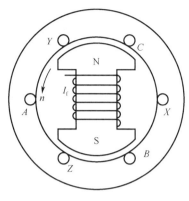
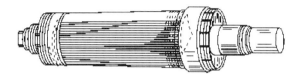

图 3.1　凸极同步电动机　　　　　图 3.2　隐极同步电动机转子

现代生产的同步电动机，其励磁电源有两种：一种由励磁机供电，一种由交流电源经整流（可控的）而得到，所以每台同步电动机都应配备一台励磁机或整流励磁装置，这样就可以很方便地调节它的励磁电流了。

常用的三相同步电动机型号有：

TD 系列，该系列一般是防护式、卧式结构的同步电动机，配直流发电机励磁或晶闸管整流励磁装置。可拖动通风机、水泵、电动发电机组。

TDK 系列，该系列一般为开启式，也有防爆型或管道通风型拖动压缩机用的同步电动机，配晶闸管整流励磁装置。用于拖动空压机、磨煤机等。

TDZ 系列，该系列一般是管道通风、卧式结构轧钢用同步电动机，配直流发电机励磁或晶闸管整流励磁装置。用于拖动各种类型的轧钢设备。

TDG 系列，该系列是封闭式轴向分区通风隐极结构的高速同步电动机，配直流发电机励磁或晶闸管整流励磁装置。用于化工、冶金或电力部门拖动空压机、水泵及其他设备。

TDL 系列，该系列是立式、开启式自冷通风同步电动机，配单独励磁机。用于拖动立式轴流泵或离心式水泵。

### 3.1.2　三相同步电动机的电磁关系

电动机中同时交链着定子、转子绕组的磁通称为主磁通，主磁通一定通过气隙，其路径为主磁路。只交链定子绕组不交链转子绕组的磁通为定子漏磁通。磁通感应产生的电动势可以用电流在电抗上的电压降来表示，这些与异步电动机主、漏磁通的概念和处理方法完全一致。

**1. 同步电动机的磁通势**

当同步电动机的定子三相对称绕组接到三相对称电源上时，就会产生三相合成旋转磁通势，简称电枢磁通势，用空间向量 $\dot{F}_a$ 表示。设电枢磁通势的转向为逆时针方向，转速为同步转速。

先不考虑同步电动机的启动过程，认为它的转子也是逆时针方向以同步转速旋转，并在转子上的励磁绕组中通入直流励磁电流 $I_f$。由励磁电流 $I_f$ 产生的磁通势称为励磁磁通势，用 $\dot{F}_0$ 表示，它也是一个空间向量。由于励磁电流 $I_f$ 是直流电流，励磁磁通势 $\dot{F}_0$ 相对于转子而言是静止的，仅转子本身以同步转速逆时针方向旋转，所以励磁磁通势 $\dot{F}_0$ 相对于定子也以同步转速逆时针方向旋转。可见,在同步电动机的主磁路上一共有两个磁通势:一个为电枢磁通势$\dot{F}_a$,另一个为励磁磁通势$\dot{F}_0$。两者都以同步转速逆时针方向旋转,即所谓同步旋转。但是两者在空间的位置却并不一定相同,可能是一个在前、一个在后,共同旋转。

为了简单起见,不考虑电动机主磁路的饱和现象,认为主磁路是线性磁路。也就是说,作用在电动机主磁路上的各个磁通势,可以认为它们在主磁路中单独产生自己的磁通,当这些磁通与定子相绕组交链时,单独产生自己的相电动势。最后把相绕组中的各电动势根据基尔霍夫第二定律一起考虑即可。

先考虑励磁磁通势单独在电动机磁路中产生磁通时的情况。

在研究励磁磁通势$\dot{F}_0$产生磁通之前,我们先规定两个轴:把转子一个N极和一个S极的中心线称为纵轴,或称$d$轴;把与纵轴相距90°空间电角度的位置称为横轴,或称$q$轴,如图3.3所示。$d$轴、$q$轴都随转子一同旋转。

从图3.3中可以看出,励磁磁通势$\dot{F}_0$作用在纵轴方向,产生的磁通如图3.4所示。我们把由励磁磁通势$\dot{F}_0$单独产生的磁通叫励磁磁通,用$\Phi_0$表示。显然$\Phi_0$经过的磁路是关于纵轴对称的磁路,并且$\Phi_0$随着转子一起旋转。

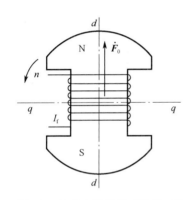
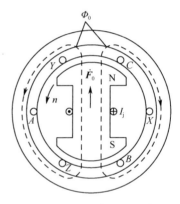

图3.3 同步电动机的$d$轴和$q$轴    图3.4 由励磁磁通势$\dot{F}_0$单独产生的磁通$\Phi_0$

### 2. 凸极同步电动机的双反应原理

如果电枢磁通势$\dot{F}_a$与励磁磁通势$\dot{F}_0$的相对位置已给定,电枢反应磁通势及磁通如图3.5(a)所示,由于电枢磁通势$\dot{F}_a$与转子之间无相对运动,可以把电枢磁通势$\dot{F}_a$分为两个分量:一个分量叫$d$轴电枢磁通势,用$\dot{F}_{ad}$表示,作用在$d$轴方向;另一个分量叫$q$轴电枢磁通势,用$\dot{F}_{aq}$表示,作用在$q$轴方向,即

$$\dot{F}_a = \dot{F}_{ad} + \dot{F}_{aq} \tag{3.1}$$

下面可以单独考虑$\dot{F}_{ad}$或$\dot{F}_{aq}$在电动机主磁路中产生磁通的情况。即分别考虑$d$轴电枢磁通势$\dot{F}_{ad}$、$q$轴电枢磁通势$\dot{F}_{aq}$单独在主磁路中产生的磁通$\Phi_{ad}$和$\Phi_{aq}$,其结果就等于考虑了电枢磁通势$\dot{F}_a$的作用,而$\dot{F}_{ad}$永远作用在$d$轴方向,$\dot{F}_{aq}$永远作用在$q$轴方向,尽管气隙不均匀,但对$d$轴或$q$轴来说,都分别为对称磁路。这就给分析带来了方便。这种处理问题的方法,称为双反应原理。

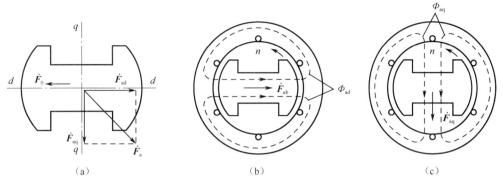

图 3.5 电枢反应磁通势及磁通

由 $d$ 轴电枢磁通势 $\dot{F}_{ad}$ 单独在电动机的主磁路中产生的磁通,称为 $d$ 轴电枢磁通,用 $\Phi_{ad}$ 表示,画在图 3.5(b)中。由 $q$ 轴电枢磁通势 $\dot{F}_{aq}$ 单独在电动机的主磁路中产生的磁通,称为 $q$ 轴电枢磁通,用 $\Phi_{aq}$ 表示,画在图 3.5(c)中。$\Phi_{ad}$ 和 $\Phi_{aq}$ 都以同步转速逆时针方向旋转着。

$d$ 轴、$q$ 轴电枢磁通势 $\dot{F}_{ad}$、$\dot{F}_{aq}$ 除了单独在电动机磁路产生气隙磁通外,还分别在定子绕组漏磁路中产生漏磁通,这在图 3.5 中没有画出。

电枢磁通势 $\dot{F}_a$ 的大小为

$$F_a = \frac{m}{2} \times 0.9 \frac{Nk_{\omega 1}}{p} I$$

现在 $d$ 轴电枢磁通势 $\dot{F}_{ad}$ 的大小可以写为

$$F_{ad} = \frac{m}{2} \times 0.9 \frac{Nk_{\omega 1}}{p} I_d$$

$q$ 轴电枢磁通势 $\dot{F}_{aq}$ 的大小可以写为

$$F_{aq} = \frac{m}{2} \times 0.9 \frac{Nk_{\omega 1}}{p} I_q$$

我们知道,若 $\dot{F}_{ad}$ 转到 A 相绕组轴线上,则 $i_{dA}$ 为最大值;若 $\dot{F}_{aq}$ 转到 A 相绕组轴线上,则 $i_{qA}$ 为最大值,显然 $I_{dA}$ 与 $I_{qA}$ 相差 90°相位。由于三相对称,只取 A 相,简写为 $I_d$ 与 $I_q$ 便可。考虑到 $\dot{F}_a = \dot{F}_d + \dot{F}_q$ 的关系,所以有

$$\dot{I} = \dot{I}_d + \dot{I}_q \tag{3.2}$$

即把电枢电流 $I$ 按相量的关系分为两个分量:一个分量是 $I_d$,另一个分量是 $I_q$。其中 $I_d$ 产生了磁通势 $\dot{F}_{ad}$,$I_q$ 产生了磁通势 $\dot{F}_{aq}$。

**3. 凸极同步电动机的电压平衡方程式**

下面分别考虑电动机主磁路中各磁通在定子绕组中感应电动势的情况。

不管是励磁磁通 $\Phi_0$ 也好,还是各电枢磁通 $\Phi_{ad}$、$\Phi_{aq}$ 也好,它们都以同步转速逆时针方向旋转着,于是都要在定子绕组中感应电动势。

励磁磁通 $\Phi$ 在定子绕组中感应的电动势用 $\dot{E}_0$ 表示。$d$ 轴电枢磁通 $\Phi_{ad}$ 在定子绕组中感应的电动势用 $\dot{E}_{ad}$ 表示,$q$ 轴电枢磁通 $\Phi_{aq}$ 在定子绕组中感应的电动势用 $\dot{E}_{aq}$ 表示。

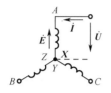

图 3.6 同步电动机各电量的正方向（用电动机惯例）

根据图 3.6 给出的同步电动机定子绕组各电量的正方向，可以列出 A 相回路的电压平衡等式为

$$\dot{U} = \dot{E}_0 + \dot{E}_{ad} + \dot{E}_{aq} + \dot{I}(r_1 + jx_1) \tag{3.3}$$

式中，$r_1$ 为定子绕组一相的电阻；$x_1$ 为定子绕组一相的漏电抗。

因磁路线性，$E_{ad}$ 与 $\Phi_{ad}$ 成正比，$\Phi_{ad}$ 与 $F_{ad}$ 成正比，$F_{ad}$ 又与 $I_d$ 成正比，所以 $E_{ad}$ 与 $I_d$ 成正比。$\dot{I}$ 与 $\dot{E}$ 正方向相反，故 $\dot{I}_d$ 在时间上滞后于 $\dot{E}_{ad}$ 90°电角度，于是电动势 $\dot{E}_{ad}$ 可以写成

$$\dot{E}_{ad} = j\dot{I}_d x_{ad} \tag{3.4}$$

同理，$\dot{E}_{aq}$ 可以写成

$$\dot{E}_{aq} = j\dot{I}_q x_{aq} \tag{3.5}$$

式中，$x_{ad}$、$x_{aq}$ 是比例常数，通常分别叫作 $d$ 轴电枢反应电抗、$q$ 轴电枢反应电抗。对于同一台电动机来说，$x_{ad}$ 和 $x_{aq}$ 恒定不变。

将式（3.4）、式（3.5）代入式（3.3）得

$$\dot{U} = \dot{E}_0 + j\dot{I}_d x_{ad} + j\dot{I}_q x_{aq} + \dot{I}(r_1 + jx_1)$$

将 $\dot{I} = \dot{I}_d + \dot{I}_q$ 代入上式有

$$\dot{U} = \dot{E}_0 + j\dot{I}_d x_{ad} + j\dot{I}_q x_{aq} + (\dot{I}_d + \dot{I}_q)(r_1 + jx_1)$$
$$= \dot{E}_0 + j\dot{I}_d(x_{ad} + x_1) + j\dot{I}_q(x_{aq} + x_1) + (\dot{I}_d + \dot{I}_q)r_1$$

一般情况下，当同步电动机容量较大时，可以忽略电阻 $r_1$。有

$$\dot{U} = \dot{E}_0 + j\dot{I}_d x_d + j\dot{I}_q x_q \tag{3.6}$$

式中，$x_d = x_{ad} + x_1$，通常叫作 $d$ 轴同步电抗；$x_q = x_{aq} + x_1$，通常叫作 $q$ 轴同步电抗。

对同一台电动机，$x_d$、$x_q$ 也都是常数，可以用计算或试验的方法求得。

我们知道，同步电机要想作为电动机运行，电源必须向电动机的定子绕组传输有功功率。从图 3.6 所示的电动机惯例可知，这时输入给电动机的有功功率 $P_1$ 必须满足

$$P_1 = 3UI\cos\varphi > 0$$

也就是说，定子相电流的有功分量 $I\cos\varphi$ 应与相电压 $U$ 同相位。可见，$\dot{U}$、$\dot{I}$ 两者之间的功率因数角 $\varphi$ 必须小于 90°，才能使电机运行在电动机状态。

**4．凸极同步电动机的电动势相量图**

图 3.7 所示是根据式（3.3）的关系，当 $\varphi<90°$ 电机运行在电动机状态时画出的相量图。

图 3.7 中 $\dot{U}$ 与 $\dot{I}$ 之间的夹角为 $\varphi$，是功率因数角；$\dot{E}_0$ 与 $\dot{U}$ 之间的夹角是 $\theta$，称为功率角，$\theta$ 角很重要，后面分析时要用到；$\dot{E}_0$ 与 $\dot{I}$ 之间的夹角是 $\psi$，并且有

$$I_d = I\sin\psi \tag{3.7}$$
$$I_q = I\cos\psi \tag{3.8}$$

综上所述，研究凸极同步电动机的电磁关系，从而画出其相量图，

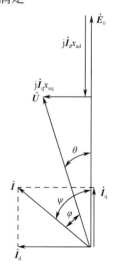

图 3.7 同步电动机当 $\varphi<90°$ 时的相量图

是按照下面的思路进行的。

$$\left.\begin{array}{l} I_{\mathrm{f}} \to \dot{\boldsymbol{F}}_0 \to \dot{\boldsymbol{E}}_0 \\ \dot{\boldsymbol{I}}_{\mathrm{d}} \to \dot{\boldsymbol{F}}_{\mathrm{ad}} \to \boldsymbol{\Phi}_{\mathrm{ad}} \to \dot{\boldsymbol{E}}_{\mathrm{ad}} = \mathrm{j}\dot{\boldsymbol{I}}_{\mathrm{d}} x_{\mathrm{ad}} \\ \dot{\boldsymbol{I}}_{\mathrm{q}} \to \dot{\boldsymbol{F}}_{\mathrm{aq}} \to \boldsymbol{\Phi}_{\mathrm{aq}} \to \dot{\boldsymbol{E}}_{\mathrm{aq}} = \mathrm{j}\dot{\boldsymbol{I}}_{\mathrm{q}} x_{\mathrm{aq}} \end{array}\right\} = \dot{U} - \dot{\boldsymbol{I}}(r_1 + \mathrm{j}x_1)$$

$$\dot{\boldsymbol{I}} = \dot{\boldsymbol{I}}_{\mathrm{d}} + \dot{\boldsymbol{I}}_{\mathrm{q}}$$

#### 5. 隐极同步电动机

以上分析的是凸极同步电动机的电磁关系。如果是隐极同步电动机，电动机的气隙是均匀的，表现为参数，如 $d$、$q$ 轴同步电抗 $x_{\mathrm{d}}$、$x_{\mathrm{q}}$，则两者在数值上是彼此相等的，即

$$x_{\mathrm{d}} = x_{\mathrm{q}} = x_{\mathrm{c}}$$

式中，$x_{\mathrm{c}}$ 为隐极同步电动机的同步电抗。

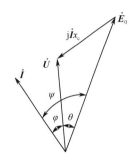

图 3.8 隐极同步电动机的电动势相量图

对隐极同步电动机，式（3.6）变为

$$\dot{U} = \dot{E}_0 + \mathrm{j}\dot{I}_{\mathrm{d}} x_{\mathrm{d}} + \mathrm{j}\dot{I}_{\mathrm{q}} x_{\mathrm{q}} = \dot{E}_0 + \mathrm{j}(\dot{I}_{\mathrm{d}} + \dot{I}_{\mathrm{q}}) x_{\mathrm{c}} = \dot{E}_0 + \mathrm{j}\dot{I} x_{\mathrm{c}}$$

图 3.8 所示是隐极同步电动机的电动势相量图。

### 3.1.3 三相同步电动机的功率关系与矩角特性

#### 1. 功率关系

同步电动机从电源吸收的有功功率 $P_1 = 3UI\cos\varphi$，减去消耗在定子绕组的铜损耗 $P_{\mathrm{Cu}} = 3I^2 r_1$ 后，就转变为电磁功率 $P_{\mathrm{M}}$。

$$P_{\mathrm{M}} = P_1 - P_{\mathrm{Cu}} \tag{3.9}$$

从电磁功率 $P_{\mathrm{M}}$ 中再扣除铁损耗 $P_{\mathrm{Fe}}$ 和机械摩擦损耗 $P_{\mathrm{m}}$ 后，转变为机械功率 $P_2$ 输出给负载。

$$P_2 = P_{\mathrm{M}} - P_{\mathrm{Fe}} - P_{\mathrm{m}} \tag{3.10}$$

其中，铁损耗 $P_{\mathrm{Fe}}$ 与机械摩擦损耗 $P_{\mathrm{m}}$ 之和称为空载损耗 $P_0$，即 $P_0 = P_{\mathrm{Fe}} + P_{\mathrm{m}}$。

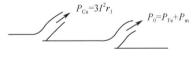

图 3.9 同步电动机的功率流程图

图 3.9 所示是同步电动机的功率流程图。

当知道了电磁功率 $P_{\mathrm{M}}$ 后，就能很容易地算出其电磁转矩 $T$ 来。电磁转矩为

$$T = \frac{P_{\mathrm{M}}}{\Omega}$$

式中，$\Omega = \dfrac{2\pi n}{60}$，是电动机的同步角速度。

把式（3.10）两边都除以 $\Omega$，就得到同步电动机的转矩平衡等式。

$\dfrac{P_2}{\Omega} = \dfrac{P_{\mathrm{M}}}{\Omega} - \dfrac{P_0}{\Omega}$ 和 $T_2 = T - T_0$ 成立。其中，$T_0$ 称为空载转矩。

#### 2. 电磁功率

一般同步电动机的功率均比较大，当忽略同步电动机定子电阻 $r_1$ 时，电磁功率

$$P_{\mathrm{M}} = P_1 = 3UI\cos\varphi$$

从图 3.7 中可知 $\varphi = \psi - \theta$，$\psi$ 角是 $\dot{E}_0$ 与 $\dot{I}$ 之间的夹角，$\theta$ 是 $\dot{U}$ 与 $\dot{E}_0$ 之间的夹角。于是
$$P_M = 3UI\cos\varphi = 3UI\cos(\psi - \theta) = 3UI\cos\psi\cos\theta + 3UI\sin\psi\sin\theta$$

从图 3.7 看出：
$$I_d = I\sin\psi$$
$$I_q = I\cos\psi$$
$$I_d x_d = E_0 - U\cos\theta$$
$$I_q x_q = U\sin\theta$$

考虑以上这些关系，可得
$$P_M = 3UI_q\cos\theta - 3UI_d\sin\theta$$
$$= 3U\frac{U\sin\theta}{x_q}\cos\theta - 3U\frac{E_0 - U\cos\theta}{x_d}\sin\theta$$
$$= 3\frac{E_0 U}{x_d}\sin\theta + 3U^2\left(\frac{1}{x_q} - \frac{1}{x_d}\right)\cos\theta\sin\theta$$

已知 $\sin 2\theta = 2\sin\theta\cos\theta$，则
$$P_M = 3\frac{E_0 U}{x_d}\sin\theta + \frac{3U^2(x_d - x_q)}{2 x_d x_q}\sin 2\theta \tag{3.11}$$

式（3.11）为凸极同步电动机功角特性表达式。

### 3．功角特性

接在电网上运行的同步电动机，已知电源电压 $U$ 和电源频率 $f$ 等都维持不变，如果保持电动机的励磁电流 $I_f$ 不变，则对应的电动势 $E_0$ 也是常数。另外，电动机的参数 $x_d$、$x_q$ 又是已知参数，这样一来，从式（3.11）可以看出，电磁功率 $P_M$ 的大小与角度 $\theta$ 呈函数关系。即当 $\theta$ 角变化时，电磁功率 $P_M$ 的大小也随之变化。我们把 $P_M = f(\theta)$ 的函数关系称为同步电动机的功角特性，用曲线表示如图 3.10 所示。

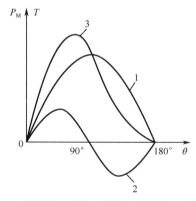

1—励磁电磁功率与 $\theta$ 之间的关系曲线；2—凸极电磁功率与 $\theta$ 之间的关系曲线；3—合成的总的电磁功率与 $\theta$ 之间的关系曲线

图 3.10　同步电动机的功角特性、矩角特性曲线

式（3.11）所示凸极同步电动机的电磁功率 $P_M$ 项中，第一项与励磁电动势 $E_0$ 成正比，即与励磁电流 $I_f$ 的大小有关，叫作励磁电磁功率。公式中的第二项，与励磁电流 $I_f$ 的大小无关，

是由参数 $x_d \neq x_q$ 引起的，也就是因电动机的转子是凸极式引起的。这一项的电磁功率叫凸极电磁功率。如果电动机的气隙均匀（像隐极同步电动机），$x_d = x_q$，则式（3.11）中的第二项为零，即不存在凸极电磁功率。

式（3.11）中的第一项励磁电磁功率是主要的，第二项的数值比第一项小得多。

励磁电磁功率 $P_{M励}$ 为

$$P_{M励} = \frac{3E_0 U}{x_d}\sin\theta \tag{3.12}$$

$P_{M励}$ 与 $\theta$ 呈正弦曲线变化关系，如图 3.10 中的曲线 1。

当 $\theta = 90°$ 时，$P_{M励}$ 最大，用 $P_M'$ 表示，则

$$P_M' = \frac{3E_0 U}{x_d}$$

凸极电磁功率 $P_{M凸}$ 为

$$P_{M凸} = \frac{3U^2(x_d - x_q)}{2x_d x_q}\sin 2\theta \tag{3.13}$$

当 $\theta = 45°$ 时，$P_{M凸}$ 最大，用 $P_M''$ 表示，则

$$P_M'' = \frac{3U^2(x_d - x_q)}{2x_d x_q}$$

凸极电磁功率与 $\theta$ 之间的关系如图 3.10 中的曲线 2 所示。图 3.10 中的曲线 3 是合成的总的电磁功率与 $\theta$ 的关系。可见，总的最大电磁功率 $P_{Mm}$ 对应的 $\theta$ 角小于 90°。

**4．矩角特性**

把式（3.11）等号两边同除以机械角速度 $\Omega$，得电磁转矩为

$$T = \frac{3E_0 U}{x_d \Omega}\sin\theta + \frac{3U^2(x_d - x_q)}{2x_d x_q \Omega}\sin 2\theta \tag{3.14}$$

把电磁转矩 $T$ 与 $\theta$ 的变化关系也画在图 3.10 中，称为矩角特性，与功角特性仅差个比例尺。

由于隐极同步电动机的参数 $x_d = x_q = x_c$，于是式（3.11）变为

$$P_M = 3\frac{E_0 U}{x_c}\sin\theta \tag{3.15}$$

该式是隐极同步电动机的功角特性。可见，隐极同步电动机没有凸极电磁功率这一项。

隐极同步电动机的电磁转矩 $T$ 与 $\theta$ 角的关系为

$$T = \frac{3E_0 U}{x_c \Omega}\sin\theta \tag{3.16}$$

图 3.11 所示为隐极同步电动机的矩角特性曲线。

在某固定励磁电流条件下，隐极同步电动机的最大电磁功率 $P_{Mm}$ 与最大电磁转矩 $T_m$ 为

$$P_{Mm} = 3\frac{E_0 U}{x_c} \tag{3.17}$$

$$T_m = \frac{3E_0 U}{x_c \Omega} \tag{3.18}$$

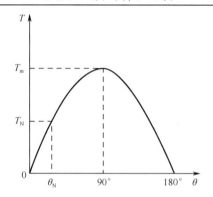

图 3.11 隐极同步电动机的矩角特性曲线

同步电动机的最大电磁转矩 $T_m$ 与额定转矩之比称为过载倍数 $\lambda$，即

$$\lambda = \frac{T_m}{T_N} \approx \frac{1}{\sin\theta_N} = 2 \sim 3.5 \tag{3.19}$$

应该指出，对于隐极同步电动机，式（3.19）是等式；而对于凸极同步电动机，式（3.19）是约等式。这样隐极同步电动机在额定运行时，$\theta_N = 30° \sim 16.5°$；而凸极同步电动机额定运行的功率角还要小些。

5．稳定运行

下面以隐极同步电动机为例，简单介绍一下同步电动机稳定运行的范围问题。

1）当同步电动机拖动机械负载运行在 $\theta$ 为 0°～90°范围内时

本来电动机运行于 $\theta_1$，如图 3.12(a) 所示，这时电磁转矩 $T$ 与负载转矩 $T_L$ 相平衡，即 $T = T_L$。由于某种原因，负载转矩 $T_L$ 突然变大为 $T_L'$。这时转子要减速使 $\theta$ 角增大，例如变为 $\theta_2$，在 $\theta_2$ 时对应的电磁转矩为 $T'$，如果 $T' = T_L'$，电动机就能继续同步运行，不过这时运行在 $\theta_2$ 角度上。如果负载转矩又恢复为 $T_L$，电动机的 $\theta$ 角则恢复为 $\theta_1$，$T = T_L$，所以电动机能够稳定运行。

2）当同步电动机拖动负载运行在 $\theta$ 为 90°～180°范围内时

本来电动机运行于 $\theta_3$，如图 3.12(b) 所示，这时电磁转矩 $T$ 与负载转矩 $T_L$ 相平衡，即 $T = T_L$。由于某种原因，负载转矩突然变大为 $T_L'$。这时 $\theta$ 角要增大，例如为 $\theta_4$，如图 3.12（b）所示。但 $\theta_4$ 对应的电磁转矩 $T'$ 比负载转矩 $T_L'$ 小，即 $T' < T_L'$。于是电动机的 $\theta$ 角还要继续增大，而电磁转矩反而变得更小，找不到新的平衡点。这样继续的结果是电动机的转子转速会偏离同步转速，即失去同步，因而无法工作。可见，在 $\theta$ 角处于 90°～180°范围内时，电动机不能稳定运行。

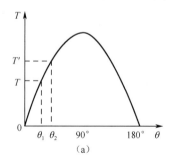
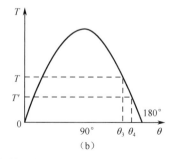

图 3.12 同步电动机的稳定运行

如果仔细分析同步电动机的原理,可以知道 $\theta$ 角有着双重含义:一为电动势 $\dot{E}_0$ 与 $\dot{U}$ 之间的夹角,这显然是个时间电角度;二是产生电动势 $\dot{E}_0$ 的励磁磁通势 $\dot{F}_0$ 与作用在同步电动机主磁路上总的合成磁通势 $\dot{F} = \dot{F}_0 + \dot{F}_a$ 之间的角度,这是空间电角度。$\dot{F}_0$ 对应着 $\dot{E}_0$,$\dot{F}$ 近似对应着 $\dot{U}$。我们把磁通势 $\dot{F}$ 看成等效磁极,由它拖着转子磁极以同步转速 $n$ 旋转,如图 3.13 所示。如果转子磁极在前,等效磁极在后,即转子拖着等效磁极旋转,则是同步发电机运行状态。

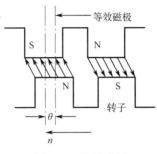

图 3.13　等效磁极

由此可见,同步电机是作为电动机还是发电机运行,要视转子磁极与等效磁极之间的相对位置而定。

### 3.1.4　三相同步电动机功率因数的调节

#### 1. 同步电动机的功率因数调节

当同步电动机接在电源上时,一般认为电源的电压 $U$ 及频率 $f$ 都不变,维持恒定。另外,使电动机拖动的有功负载也保持恒定,仅改变它的励磁电流,就能调节其功率因数。在分析的过程中,忽略电动机的各种损耗。

通过画出不同励磁电流下同步电动机的电动势相量图,可以使问题得到解答。为了简单起见,采用隐极同步电动机电动势相量图来进行分析,所得结论完全可以用在凸极同步电动机上。

同步电动机的负载不变是指电动机转轴输出的转矩 $T_2$ 不变,为了分析简单起见,忽略空载转矩,这样有 $T = T_2$,当 $T_2$ 不变时,可以认为电磁转矩 $T$ 也不变。

根据式(3.17),有

$$P_M = 3\frac{E_0 U}{x_c}\sin\theta = 常数$$

由于电源电压 $U$、电源频率 $f$ 及电动机的同步电抗等都是常数,上式中

$$E_0\sin\theta = 常数 \tag{3.20}$$

当改变励磁电流 $I_f$ 时,电动势 $E_0$ 的大小要随之变化,但必须满足式(3.20)的关系。当负载转矩不变时,也认为电动机的输入功率 $P_1$ 不变(因为忽略了电动机的各种损耗)。于是

$$P_M = P_1 = 3UI\cos\varphi = 常数$$

在电源电压 $U$ 不变的条件下,必有

$$I\cos\varphi = 常数 \tag{3.21}$$

式（3.21）实质是电动机定子边的有功电流，应维持不变。

图 3.14 所示为根据式（3.20）和式（3.21）这两个条件，画出的三种不同的励磁电流 $I_f$、$I_f'$、$I_f''$ 所对应的电动势 $\dot{E}_0$、$\dot{E}_0'$、$\dot{E}_0''$ 的电动势相量图。其中 $I_f'' < I_f < I_f'$，所以 $\dot{E}_0'' < \dot{E}_0 < \dot{E}_0'$。

从图 3.14 中可以看出，不管如何改变励磁电流的大小，为了满足式（3.20）的条件，电流 $\dot{I}$ 的轨迹总是在与电压 $\dot{U}$ 垂直的虚线上。另外，要满足式（3.21）的条件，$\dot{E}_0$ 的轨迹总是在与电压 $\dot{U}$ 平行的虚线上。这样我们就可以从图 3.14 中看出，当改变励磁电流 $I_f$ 时，同步电动机功率因数变化的规律。

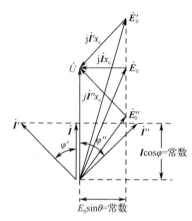

图 3.14　同步电动机机械负载不变而仅改变励磁电流的电动势相量图

（1）当励磁电流为 $I_f$ 时，使定子电流 $\dot{I}$ 与 $\dot{U}$ 同相，称为正常励磁状态，见图 3.14 中的 $\dot{E}_0$、$\dot{I}$ 相量。这种情况下，同步电动机只从电网吸收有功功率，不吸收任何无功功率。也就是说，在这种情况下运行的同步电动机类似纯电阻负载，功率因数 $\cos\varphi = 1$。

（2）当励磁电流比正常励磁电流小时，称为欠励状态，见图 3.14 中的 $\dot{E}_0''$ 和 $I''$。这时 $E_0'' < E_0$，定子电流 $I''$ 落后 $\dot{U}$ 一个 $\varphi''$ 角。同步电动机除了从电网吸收有功功率外，还要从电网吸收滞后性的无功功率。这种情况下运行的同步电动机类似电阻电感负载。

本来电网就供应着如异步电动机、变压器等这种需要滞后性无功功率的负载，现在欠励的同步电动机，也需要滞后性的无功功率，这就加重了电网的负担，所以很少采用这种运行方式。

（3）当励磁电流比正常励磁电流大时，称为过励状态，见图 3.14 中的 $\dot{E}_0'$ 和 $\dot{I}'$。这时 $E_0' > E_0$，定子电流 $I'$ 领先 $\dot{U}$ 一个 $\varphi'$ 角。同步电动机除了从电网吸收有功功率外，还要从电网吸收超前的无功功率。这种情况下运行的同步电动机类似电阻电容负载。

可见，过励状态下的同步电动机对改善电网的功率因数有很大好处。

总之，当改变三相同步电动机的励磁电流时，能够改变其功率因数，这点是三相异步电动机办不到的。所以同步电动机拖动负载运行时，一般要使其过励，至少也要运行在正常励磁状态，而不应让它运行在欠励状态。

### 2．U 形曲线

现在再研究一下图 3.14，观察当改变励磁电流时电动机定子电流的变化情况。从图 3.14 中可以看出，在三种励磁电流的情况下，只有在正常励磁时，定子电流才最小。在过励或欠励时，定子电流都会增大。把定子电流 $I$ 与励磁电流 $I_f$ 的大小关系用曲线表示，如图 3.15 所示,因定子电流变化规律像 U 字形,故称 U 形曲线。

当电动机带有不同的负载时,对应有一组 U 形曲线,如图 3.15 所示。输出功率越大,在相同的励磁电流条件下,定子电流越大,所得 U 形曲线往右上方移动。图 3.15 中各条 U 形曲线所对应的功率为 $P_2''' > P_2'' > P_2'$。

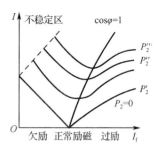

图 3.15 同步电动机 U 形曲线

对每条 U 形曲线,定子电流有一最小值,这时定子仅从电网吸收有功功率,功率因数 $\cos\varphi = 1$。把这些点连起来,称为 $\cos\varphi = 1$ 的线。它微微向右倾斜,说明输出为纯有功功率时,在输出功率增大的同时,必须相应地增加一些励磁电流。

$\cos\varphi = 1$ 曲线的左边是欠励区,右边是过励区。

当同步电动机带有一定负载时,减小励磁电流,则电动势 $E_0$ 减小。$P_M$ 与 $E_0$ 成正比,当 $P_M$ 小到一定程度,且 $\theta$ 超过 $90°$ 时,电动机就失去同步,进入如图 3.15 中虚线所示的不稳定区。从这个角度看,同步电动机最好也不要运行于欠励状态。

对同步电动机功率因数可调的原因不妨简单地这样理解:同步电动机的磁场由定子边电枢反应磁通势 $\dot{F}_a$ 和转子边励磁磁通势 $\dot{F}_0$ 共同建立,因此可分为以下三种情况分别理解。

① 转子边欠励时,定子边需要从电源输入滞后的无功功率建立磁场,定子边便呈滞后性功率因数;

② 转子边正常励磁时,不需要定子边提供无功功率,定子边便呈纯电阻性,$\cos\varphi = 1$;

③ 转子边过励时,定子边反而要吸收超前无功功率或者说从电源送入超前的无功功率,定子边便呈超前功率因数。

所以,同步电动机功率因数是呈电感性(滞后),还是呈电阻性或电容性(超前),完全可以通过人为地调节励磁电流从而改变励磁磁通势大小的方式来实现。

## 3.2 永磁同步电动机

### 3.2.1 永磁同步电动机的结构

与一般电动机的结构组成类似,永磁同步电动机由定子和转子两部分组成,定子、转子之间有较小的空气隙。图 3.16 所示是典型永磁同步电动机的结构示意图。

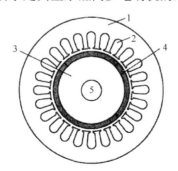

1—定子铁芯;2—定子齿槽;3—转子铁芯;4—永磁材料;5—转子轴承

图 3.16 典型永磁同步电动机的结构示意图

按照转子永磁材料本身的安装位置，永磁同步电动机有表面式和内置式两种。表面式结构永磁材料安装在转子铁芯之上，便于设计和加工。相反，内置式结构永磁材料嵌装在转子铁芯之内，加工和制造困难，而由于转子磁路的不对称，能够提供较大的气隙磁场，电动机的过载能力相应较大，同时可以增大电动机输出的功率密度。由于结构的原因，磁场的泄漏较大，可以采用相应的办法来改善。

### 1．表面式转子结构

表面式转子结构分为内转子和外转子。内转子通常嵌装在转子铁芯内部，具体结构如图3.17（a）、(b)所示。外转子结构如图3.17（c）所示。

表面凸出式结构如图3.17（a）所示，在各种永磁电动机设计和制造中采用较多。表面凸出式电动机的交轴和直轴磁阻大致一样，能够调整永磁体来使气隙磁场为正弦，显著减小了谐波。表面插入式结构如图3.17（b）所示，漏磁较大，很少采用。

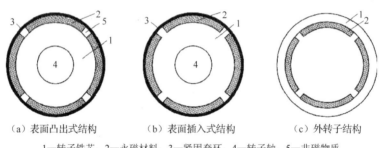

(a) 表面凸出式结构　　(b) 表面插入式结构　　(c) 外转子结构

1—转子铁芯；2—永磁材料；3—紧固套环；4—转子轴；5—非磁物质

图3.17　表面式转子结构

通常永磁材料适于嵌在转子铁芯的表层上。永磁体的抗拉强度远远低于抗压强度，在内转子结构中，高速运行时产生的离心力接近甚至超过永磁材料的抗拉强度，材料经常会被破坏，旋转作用会使永磁材料与转子表面松动，所以必须在转子外增加固定装置。

### 2．内置式转子结构

内置式转子结构通常为切向式转子结构，如图3.18所示。用紧固装置将转子各部件紧固在一起，图3.18（b）中用槽楔固定永磁材料，这种结构在中、低速或小功率电动机中经常采用。

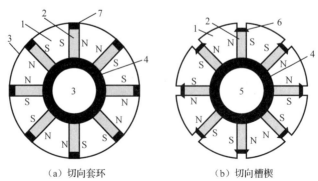

(a) 切向套环　　　　　(b) 切向槽楔

1—转子铁芯；2—永磁材料；3—套环；4—非磁套环；5—转轴；6—非磁槽楔；7—非磁垫片

图3.18　内置式转子结构

## 3.2.2 永磁同步电动机的运行原理

永磁同步电动机的运行转速等于电动机定子磁场产生的同步旋转磁场的转速。永磁同步电动机的交轴和直轴的磁阻一般不相等，与交流三相感应电动机分析方法类似，通常采用双反应理论来分析。也就是将电枢磁动势分解为作用在直轴上的直轴电枢反应磁动势和作用在交轴上的交轴电枢反应磁动势，即

$$\begin{cases} F_{ad} = F_a \sin\varphi \\ F_{aq} = F_a \cos\varphi \end{cases} \tag{3.22}$$

式中，$\varphi$ 为内功率因数角，是电枢电流和空载电动势之间的相位差；$F_a$ 为电枢绕组磁动势。

$$F_a = \frac{\sqrt{2}m}{\pi} \frac{N_1 k_{dp1}}{p} I \tag{3.23}$$

式中，$N_1$ 为每相串联匝数；$m$ 为相数；$k_{dp1}$ 为基波绕组系数。

类似地，电枢电流也可以分为交轴电流和直轴电流，有

$$\begin{cases} I_{ad} = I_a \sin\varphi \\ I_{aq} = I_a \cos\varphi \end{cases} \tag{3.24}$$

它们分别产生交轴电动势和直轴电动势。

定子绕组每相空载感应电动势的有效值为

$$E_0 = \sqrt{2}\pi f N_1 k_{dp1} \Phi_{f1} \tag{3.25}$$

式中，$\Phi_{f1}$ 为永磁体产生的基波磁通。

永磁同步电动机的输入功率为

$$P_1 = mUI\cos\varphi = mUI\cos(\psi-\theta) = m(UI_d\sin\theta + UI_q\cos\theta) \tag{3.26}$$

忽略定子绕组，电动机的电磁功率为

$$P_{em} = \frac{mUE_0}{X_d}\sin\theta + \frac{mU^2}{2}\left(\frac{1}{X_q} - \frac{1}{X_d}\right)\sin 2\theta \tag{3.27}$$

永磁同步电动机的电磁转矩为

$$T_{em} = \frac{P_{em}}{\Omega} = \frac{P_{em}p}{\omega} = \frac{mpUE_0}{\omega X_d}\sin\theta + \frac{mpU^2}{2\omega}\left(\frac{1}{X_q} - \frac{1}{X_d}\right)\sin 2\theta \tag{3.28}$$

式中，$\Omega$ 和 $\omega$ 分别为电动机的机械角速度和电角速度。

从式（3.28）可知，电磁转矩中一个是永磁磁场和电枢反应磁场相互作用产生的基本电磁转矩，称为永磁转矩；另一个就是由于交轴和直轴磁阻不相等产生的磁阻转矩。永磁同步电动机的直轴电抗一般小于交轴电抗，所以磁阻转矩对电动机的合成转矩影响不同。图 3.19 所示为某永磁同步电动机的永磁转矩、磁阻转矩和合成电磁转矩。

在 0°～90°功率角之间，永磁转矩是正值，磁阻转矩是负值，合成电磁转矩的值可正可负，具体情况如下。当合成电磁转矩的值为负时，应满足下式

$$\frac{mpUE_0}{\omega X_d}\sin\theta_0 < \frac{mpU^2}{2\omega}\left(\frac{1}{X_d} - \frac{1}{X_q}\right)\sin 2\theta_0 \tag{3.29}$$

整理得

$$\cos\theta_0 > \frac{E_0}{U}\frac{X_q}{X_q - X_d} \tag{3.30}$$

电动机运行时，在 90°～180°功率角之间，电磁转矩为正，负值只出现在 0°～90°之间，故

$$\theta_0 < \arccos\frac{E_0}{U}\frac{X_q}{X_q - X_d} \tag{3.31}$$

如果把图 3.19 中永磁电动机的感应电动势设定值设为 30V，此时得到的电磁转矩曲线如图 3.20 所示，可知此时合成电磁转矩出现了负值。一般情况下永磁电动机的功率因数较高，$E_0$ 大致等于 $U$，所以通常合成电磁转矩为正。

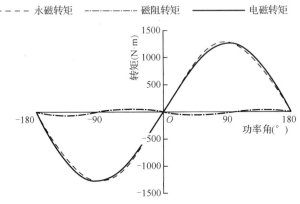

图 3.19 某永磁同步电动机的永磁转矩、磁阻转矩和合成电磁转矩

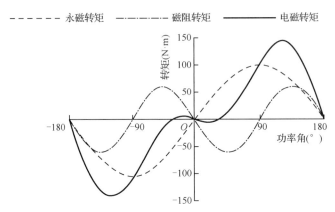

图 3.20 电磁转矩出现负值时的电磁转矩曲线

磁阻转矩的出现可以用图 3.21 分析说明。图 3.21 所示为永磁同步电动机磁阻转矩产生示意图。当定子绕组通入交流电时，就会产生旋转磁场，假设旋转磁场磁极对数是 1，并且转子永磁体不显磁性。磁场产生的作用力会使磁力线按照最短的方向闭合，从图 3.21（a）、（b）所示位置可知，磁力线没有发生扭曲，这时磁阻转矩为零；但是如图 3.21（c）所示，磁力线由于发生扭曲被拉长，所以产生了磁阻转矩。

电磁转矩曲线上的最大值称为失步转矩，如果正在运行的电动机负载转矩超过失步转矩，电动机就会发生失步运行。失步转矩与额定转矩的比值定义为失步转矩倍数，它是电动机带

负载运行的重要参数之一。

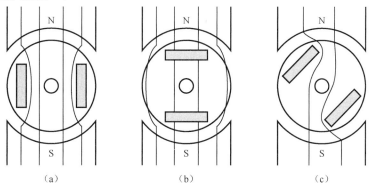

图 3.21　永磁同步电动机磁阻转矩产生示意图

### 3.2.3　永磁同步电动机振动机理及其分析方法研究

#### 1. 振动产生的原因

齿槽转矩是由永磁同步电动机定子绕组电流为 0 时产生的振动转矩。永磁电动机运转时，齿槽转矩不仅能够使转矩产生周期的波动，还会引起系统部件振动和电磁噪声，这些都会影响电动机系统运行效率。

当电动机内部的永磁材料和定子、转子齿槽有相对运动趋势时，永磁电动机中的永磁体与电动机定子、转子齿或槽之间就会产生相互作用的切向力。由此产生的齿槽振动迫使永磁磁极和齿槽位置对齐。齿槽转矩的形成只与永磁体和电动机齿槽有关，也就是说，此时在绕组中的电流为 0。这就是齿槽转矩产生的原因。

齿槽转矩由于永磁磁极与电枢齿槽作用力切向分量的变动而产生，其趋势使电枢齿和永磁体趋于一致。图 3.22 表明了永磁电动机结构，永磁磁极的中心线与定子槽的中心线重合。在图 3.22 中，没有齿槽转矩。在图 3.23 中，永磁磁极的中心线与定子槽的中心线不重合，有试图使永磁体恢复到图 3.22 所示位置的力，即齿槽转矩。

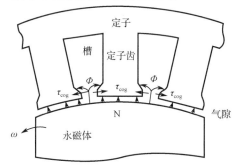

图 3.22　永磁磁极的中心线与定子槽的中心线重合

图 3.24（a）中，永磁磁极中心线与转子齿中心线重合，当转子逆时针转动时，永磁磁极的中心线将滞后转子齿的中心线，如图 3.24（b）所示。随着转子齿中心线与定子磁极中心线之间的角度变大，如图 3.24（c）所示，转子齿两个侧面引起的切向分量相互抵消，永磁磁极中心线与转子槽中心线重合，如图 3.24（d）所示。另外半个周期与上述情况相同。

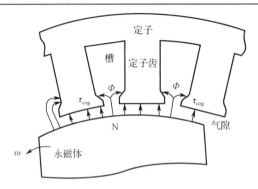

图 3.23  永磁磁极的中心线与定子槽的中心线不重合

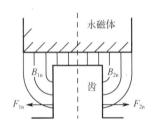
（a）永磁磁极中心线与转子齿中心线重合

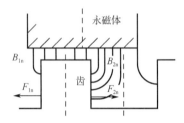
（b）永磁磁极中心线小角度滞后转子齿中心线

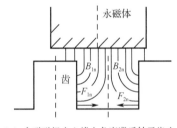
（c）永磁磁极中心线大角度滞后转子齿中心线

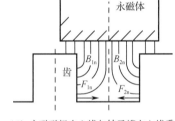
（d）永磁磁极中心线与转子槽中心线重合

图 3.24  永磁磁极与转子相对位置变化示意图

下面举例说明一个周期内齿槽转矩的变化，设有一个 2 极 4 槽的永磁电动机模型，图 3.25 所示为该电动机模型齿槽转矩周期变化示意图。由图 3.25 可知，在一个齿槽转矩周期，当在某一点永磁体与电动机齿中心线重合时，齿槽转矩为零，该点称为定位点，如图 3.25 中的 $a$ 点。两边的定子齿中经过大量磁通，此时齿槽转矩为 0，对应 $a$ 点和 $d$ 点。在两个定位点之间，有齿槽转矩幅值最大的点，如 $b$ 点。

**2. 齿槽转矩分析方法**

目前计算和分析齿槽转矩的方法很多，主要分为以下三种：能量法（又称虚位移法）、麦克斯韦张量法和有限元分析法。

1）能量法

在电动机运动过程中，定子、转子之间就会存在相对位移，这时，在永磁同步电动机中，和永磁体极弧部分相对的电枢齿与永磁体间的磁导基本不变，在永磁体的两侧相应的电枢齿磁导是变化的，改变了电动机磁场储能大小，形成了齿槽转矩。故齿槽转矩通常是当永磁同步电动机的电枢绕组电流为 0 时，仅由永磁体提供的磁场能量对定子、转子相对角的负导数，其关系为

$$T_{\mathrm{cog}} = -\frac{\partial W}{\partial \alpha} \tag{3.32}$$

式中，$W$ 是磁场能量；$\alpha$是永磁体的中心线和相应指定齿的中心线的夹角。

（a）$a$位置　（b）旋转至$b$位置

（c）旋转至$c$位置　（d）旋转至$d$位置

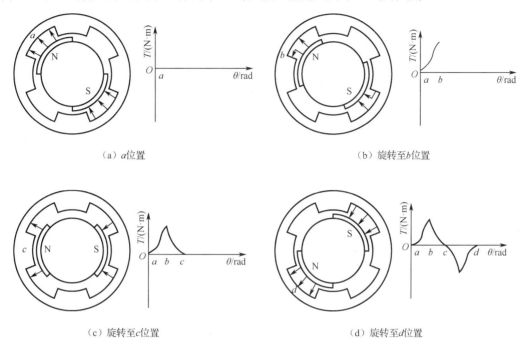

图 3.25　齿槽转矩周期变化示意图

忽略次要因素，认为电枢铁芯的磁导率为无穷大，永磁体形状和尺寸相同。永磁材料和空气的磁导率相同。铁芯的叠压系数为 1。

设$\theta = 0°$ 位置在永磁体磁极的中心线上，一个磁极与对应的齿槽如图 3.26 所示。电动机内的磁场能量来源于绕组磁场和永磁体提供的磁场能量两个部分，用公式表示为

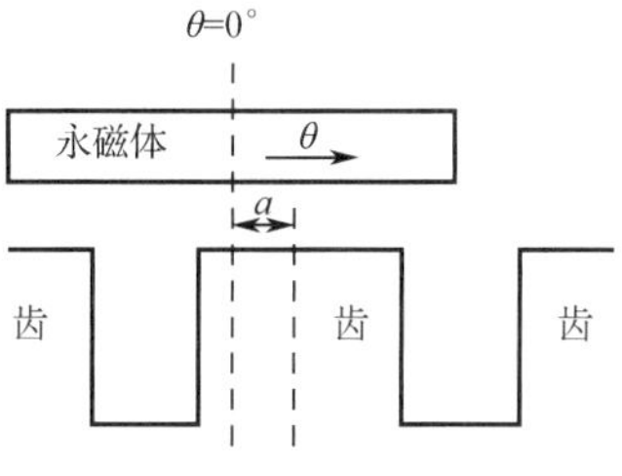

图 3.26　一个磁极与对应的齿槽

$$W = W_{\mathrm{air+PM}} = \frac{1}{2\mu_0}\int_V B^2 \mathrm{d}V \tag{3.33}$$

式中，$\mu_0$ 表示真空磁导率；$W_{\mathrm{air+PM}}$ 表示气隙和永磁体共同的磁场能量，其中 $W_{\mathrm{air}}$ 为气隙磁场能量，$W_{\mathrm{air}}$ 的大小和电动机与永磁体之间的位置有关。气隙磁通密度为

$$B(\theta,\alpha) = B_{\mathrm{r}}(\theta)\frac{h_{\mathrm{m}}(\theta)}{h_{\mathrm{m}}(\theta)+g(\theta,\alpha)} \tag{3.34}$$

式中，$B_{\mathrm{r}}(\theta)$是沿圆周径向的气隙磁通密度；$h_{\mathrm{m}}(\theta)$是永磁体在磁化方向沿圆周的分布函数；$g(\theta,\alpha)$是有效气隙长度沿圆周的分布函数。因此得

$$W = \frac{1}{2\mu_0}\int B_{\mathrm{r}}^2(\theta)\left(\frac{h_{\mathrm{m}}}{h_{\mathrm{m}}+g(\theta,\alpha)}\right)^2 \mathrm{d}V \tag{3.35}$$

$B_{\mathrm{r}}(\theta)$和$[h_{\mathrm{m}}/(h_{\mathrm{m}}+g(\theta,\alpha)]^2$ 可以分别推导得到，可以由傅里叶展开式（3.34）和式（3.35）得到齿槽转矩的表达式。这里，$G_0$ 是初始的傅里叶系数，$G_n$ 是第 $n$ 次的傅里叶系数，$z$ 是定子

槽数。$B_r(\theta)$表达式如下：

$$B_r^2(\theta) = B_{r0} + \sum_{n=1}^{\infty} B_m \cos 2np\theta \tag{3.36}$$

式中，$B_{r0} = \alpha_p B_r^2$；$B_m = \dfrac{2}{n\pi} B_r^2 \sin n\alpha_p \pi$，其中$\alpha_p$为永磁体极弧系数。

如果齿中心线正好位于$\theta = 0°$处，则表达式$[h_m(\theta)/h_m(\theta)+g(\theta,\alpha)]^2$的傅里叶展开式为

$$\left(\dfrac{h_m(\theta)}{h_m(\theta) + g(\theta,\alpha)}\right)^2 = G_0 + \sum_{n=1}^{\infty} G_n \cos nQ\theta \tag{3.37}$$

计及转子与电枢相对位置因素，则表达式$[h_m(\theta)/h_m(\theta)+g(\theta,\alpha)]^2$的傅里叶展开式为

$$\left(\dfrac{h_m(\theta)}{h_m(\theta) + g(\theta,\alpha)}\right)^2 = G_0 + \sum_{n=1}^{\infty} G_n \cos nQ(\theta + \alpha) \tag{3.38}$$

式中，$G_0 = \left(\dfrac{h_m}{h_m + g}\right)^2$；$G_n = \dfrac{2}{n\pi}\left(\dfrac{h_m}{h_m + g}\right)^2 \sin\left(n\pi - \dfrac{nQ\theta_{s0}}{2}\right)$，其中$\theta_{s0}$是以弧度为单位的电枢槽口宽。

由以上分析可知，永磁同步电动机的齿槽转矩表达式可以表示为

$$T_{cog}(\alpha) = \dfrac{\pi Q L_{Fe}}{4\mu_0}(R_2^2 - R_1^2)\sum_{n=1}^{\infty} nG_n B_{r\frac{nQ}{2p}} \sin(nQ\alpha) \tag{3.39}$$

式中，$L_{Fe}$为电枢铁芯轴向的长度；$R_1$和$R_2$分别为电动机电枢外半径和定子轭内半径；$n$为整数，使得$nQ/2p$的比值为整数。

由$B_{rn} = \dfrac{2}{n\pi} B_r^2 \sin n\alpha_p \pi$可得下式：

$$B_{r\frac{nQ}{2p}} = \dfrac{4p}{nQ\pi} B_r^2 \sin \dfrac{nQ}{2p} \alpha_p \pi \tag{3.40}$$

2）麦克斯韦张量法

其原理是用面积力代替体积力。定子和转子的电磁力切向密度为

$$f_t = \dfrac{1}{\mu} B_n B_t \tag{3.41}$$

电动机的电磁转矩主要来自切向力，则电磁转矩沿着半径为$r$的圆周积分可以表示为

$$T_{em} = \dfrac{2pL_{Fe}}{\mu_0} \int_{\theta_1}^{\theta_2} r^2 B_r B_\theta \mathrm{d}\theta \tag{3.42}$$

通过以上分析可知，从电动机槽口中心线与磁极中心线重合处开始，如果转子的角度变化，则能够用逐点计算法来计算相应的齿槽转矩数值。

3）有限元分析法

该方法首先将整个电动机求解区域分成大量的小部分，即"单元"或者"有限元"，然后用经典的有限元法和变分原理来解决问题。具体步骤就是将要解决的问题等效成经典变分问题和函数极值求解；通过常规的剖分和插值，把离散形式的变分问题转换为常规的多元函数求解最值，形成一组多元的代数方程组，最后求解方程组求得边值问题的数值解。以变分原

理为基础建立起来的有限元分析法,由于其理论依据具有普遍性,所以不仅广泛地应用于各种结构工程,而且也作为一种通用的数值计算方法被普遍用来解决许多其他工程领域的问题。

### 3.2.4 基于能量法的电动机齿槽转矩削弱原理

**1. 齿槽转矩削弱方法**

从以上分析可知,降低永磁同步电动机的齿槽转矩大致有三种方法,分别如下。

1)调整转子参数

调整转子的磁极尺寸改变 $B_{rn}$ 的最大值,可以减小齿槽转矩。大致包括调节转子齿宽、转子不等槽口宽配合等。

2)调节定子侧参数

调节定子侧参数能够减小 $G_n$ 的最大值,进而有效减小齿槽转矩的大小。大致包括调节定子槽口的宽度、定子斜槽等。

3)定子槽数和极数变化比、定子槽数和转子槽数调整

该方法可以改变极数和转子槽数,同时改变 $B_{rn}$ 和 $G_n$ 的大小,减小齿槽转矩。

**2. 齿槽转矩降低原理**

下面分析调整转子参数的方法中,改变转子槽参数的方法减小齿槽转矩的基本原理。

由于定、转子齿是电动机磁路的一部分,通过调整永磁同步电动机的转子齿宽,能够调节 $B_{rn}$ 的最大值,来减小齿槽转矩引起的振动。

(1)对于转子是切向结构的永磁电动机,设当 $\theta = 0°$ 时,正好位于齿的中心,为了使 $B_r^2(\theta)$ 为偶函数,$B_r^2(\theta)$ 必须沿电动机圆周分布,如图3.27所示。

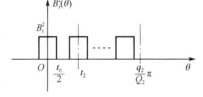

图3.27 $B_r^2(\theta)$ 沿电动机圆周分布

图中,转子齿距:$t_2 = \dfrac{2\pi}{Q_2}$。由此可以得到 $B_r^2(\theta)$ 的傅里叶展开式:

$$B_r^2(\theta) = B_{r0} + \sum_{n=1}^{\infty} B_{rn} \cos nQ_2\theta \tag{3.43}$$

电动机齿槽转矩的表达式为

$$T_{cog}(\alpha) = \frac{\pi z L_{Fe}}{4\mu}(R_2^2 - R_1^2)\sum_{n=1}^{\infty} n G_n B_{r\frac{nz}{Q_2}} \sin nz\alpha \tag{3.44}$$

式中,$R_2$ 是定子轭内径;$R_1$ 是转子外径;$L_{Fe}$ 是定子铁芯轴向长度;$Q_2$ 是转子槽数,$q_2 = Q_2/2p$,为每极每相槽数。对于 W 形结构,$n$ 是整数,这可以使 $nzq_2/Q_2$ 是一个整数。对于 IPM 结构,$n$ 是整数,这可以使 $nz/Q_2$ 是一个整数。

$B_r^2(\theta)$ 分解系数为

$$B_{r0} = \frac{t_0}{t_2}B_r^2 \tag{3.45}$$

$$B_{rn} = \frac{2B_r^2}{n\pi}\sin\frac{t_0}{t_2}n\pi \tag{3.46}$$

令
$$B_{r\frac{nzq_2}{Q_2}}=0 \tag{3.47}$$

从式（3.47）可以得到如下所示的表达式：

$$\frac{t_0}{t_2}=\frac{kQ_2}{nz} \tag{3.48}$$

式中，$t_0$ 是转子齿宽；$t_2$ 是转子齿距。满足式（3.48）的转子齿宽将能够降低齿槽转矩，因为 $B_r(\theta)$ 谐波等于零。

（2）对于转子是 W 形结构的永磁电动机，$B_r^2(\theta)$ 可以分两种情况讨论。

第一种情况，当 $q_2$ 为奇数时，

$$B_r^2(\theta)=B_{r0}+\sum_{n=1}^{\infty}B_{rn}\cos n\frac{Q_2}{q_2}\theta \tag{3.49}$$

则齿槽转矩的表达式为

$$T_{\text{cog}}(\alpha)=\frac{\pi z L_{\text{Fe}}}{4\mu}(R_2^2-R_1^2)\sum_{n=1}^{\infty}nG_n B_{r\frac{nzq_2}{Q_2}}\sin nz\alpha \tag{3.50}$$

$B_r^2(\theta)$ 分解系数为

$$B_{r0}=\left(\frac{t_0}{t_2}-\frac{t_0}{\tau}\right)B_r^2 \tag{3.51}$$

$$B_{rn}=\frac{4B_r^2}{n\pi}\sin n\frac{Q_2}{2q_2}t_0\sum_{n=1}^{\frac{q_2-1}{2}}\cos\left(\frac{2n\pi}{q_2}i-\frac{n\pi}{q_2}\pi\right) \tag{3.52}$$

第二种情况，当 $q_2$ 为偶数时，

$$B_r^2(\theta)=B_{r0}+\sum_{n=1}^{\infty}B_{rn}\cos n\frac{Q_2}{q_2}\theta \tag{3.53}$$

则齿槽转矩的表达式为

$$T_{\text{cog}}(\alpha)=\frac{\pi z L_{\text{Fe}}}{4\mu_0}(R_2^2-R_1^2)\sum_{n=1}^{\infty}nG_n B_{r\frac{nzq_2}{Q_2}}\sin nz\alpha \tag{3.54}$$

$B_r^2(\theta)$ 分解系数为

$$B_{r0}=\left(\frac{t_0}{t_2}-\frac{t_0}{t}\right)B_r^2 \tag{3.55}$$

$$B_{rn}=\frac{2B_r^2}{n\pi}\left(\sin n\frac{Q_2}{2q_2}t_0+2\sin n\frac{Q_2}{2q_2}t_0\sum_{n=1}^{\frac{q_2-2}{2}}\cos\frac{2n\pi}{q_2}i\right) \tag{3.56}$$

综合以上两种情况，令

$$B_{r\frac{nzq_2}{Q_2}}=0 \tag{3.57}$$

得到

$$\frac{t_0}{t_2}=\frac{kQ_2}{nz} \tag{3.58}$$

可知，如果转子齿宽符合式（3.58）的要求，就能保证 $B_r^2(\theta)$ 的 $n$ 次及 $n$ 的倍数次谐波不出现。所以，设计时将 $nzq_2/Q_2$ 为整数的 $n$ 值代入式（3.58）中，这时的齿宽恰好使 $B_r^2(\theta)$ 的谐波分量消失，可以达到减小齿槽振动的目的。

# 第4章 电动机的控制技术

## 4.1 三相异步电动机的动态数学模型

矢量控制技术实质是在建立交流电动机的动态数学模型的基础上，采用在数学上等价的坐标变换方法，把定子电流解耦成独立的两个电流量：磁场分量和转矩分量，这样就能分别对其进行独立调节，以获得类似于直流调速系统的动态性能。

20世纪80年代中期，德国学者M.Depenbrock教授首次提出直接转矩控制理论，并在1987年把它推广到弱磁调速范围。不同于矢量控制技术，它不需要将交流电动机与直流电动机做比较、等效、转化，不需要模仿直流电动机的数学模型，也不需要为解耦而简化交流电动机的数学模型。它只是在定子坐标系下分析交流电动机的数学模型，强调对电动机的转矩进行直接控制，省掉了矢量旋转变换等复杂的变换与计算。该方法通过检测得到的定子电压和电流，采用定子磁场定向，直接控制电动机的磁链和转矩，着眼于转矩的快速响应，以获得高效的控制性能。它大大减少了矢量控制技术中控制性能易受参数变化影响的问题，在很大程度上克服了矢量控制的缺点。

在研究异步电动机数学模型时，通常假设下列条件：① 不计空间谐波和齿槽的效应，三相绕组对称且正弦分布；② 不计磁路饱和，各绕组的自感和互感都不变；③ 不计铁芯损耗；④ 不计频率和温度对电阻的影响。

三相异步电动机的物理模型如图4.1所示，定子三相绕组轴线$A$、$B$、$C$在空间是固定的，以$A$轴为参考坐标轴；转子绕组轴线$a$、$b$、$c$以角速度$\omega$随转子旋转，转子$a$轴和定子$A$轴间的电角度$\theta$为空间角位移变量。规定各绕组电压、电流、磁链的正方向符合电动机惯例和右手螺旋定则。

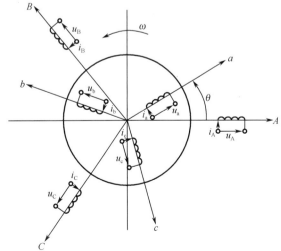

图4.1 三相异步电动机的物理模型

## 4.1.1 磁链方程

三相异步电动机每个绕组的磁链是它本身的自感磁链和其他绕组对它的互感磁链之和,因此,六个绕组的磁链可表达为

$$\begin{bmatrix} \psi_A \\ \psi_B \\ \psi_C \\ \psi_a \\ \psi_b \\ \psi_c \end{bmatrix} = \begin{bmatrix} L_{AA} & L_{AB} & L_{AC} & L_{Aa} & L_{Ab} & L_{Ac} \\ L_{BA} & L_{BB} & L_{BC} & L_{Ba} & L_{Bb} & L_{Bc} \\ L_{CA} & L_{CB} & L_{CC} & L_{Ca} & L_{Cb} & L_{Cc} \\ L_{aA} & L_{aB} & L_{aC} & L_{aa} & L_{ab} & L_{ac} \\ L_{bA} & L_{bB} & L_{bC} & L_{ba} & L_{bb} & L_{bc} \\ L_{cA} & L_{cB} & L_{cC} & L_{ca} & L_{cb} & L_{cc} \end{bmatrix} \begin{bmatrix} i_A \\ i_B \\ i_C \\ i_a \\ i_b \\ i_c \end{bmatrix} \quad (4.1)$$

或写成

$$\boldsymbol{\psi} = \boldsymbol{L}\boldsymbol{i} \quad (4.2)$$

式中,$i_A$、$i_B$、$i_C$、$i_a$、$i_b$、$i_c$ 为定子和转子相电流的瞬时值;$\psi_A$、$\psi_B$、$\psi_C$、$\psi_a$、$\psi_b$、$\psi_c$ 为各相绕组的全磁链;$\boldsymbol{L}$ 为 6×6 电感矩阵,其中对角线元素 $L_{AA}$、$L_{BB}$、$L_{CC}$、$L_{aa}$、$L_{bb}$、$L_{cc}$ 是各绕组自感,其余是绕组间互感。

定子各相漏磁通电感为 $L_{ls}$,转子漏电感为 $L_{lr}$,定子互感为 $L_{ms}$,转子互感为 $L_{mr}$,$L_{ms}=L_{mr}$。上述各量都已折算到定子侧,为简化表示,折算值上角标"'"均省略。

每相绕组所交链的磁通是互感磁通与漏磁通之和,定子各相自感为

$$L_{AA}=L_{BB}=L_{CC}=L_{ms}+L_{ls} \quad (4.3)$$

转子各相自感为

$$L_{aa}=L_{bb}=L_{cc}=L_{mr}+L_{lr}=L_{ms}+L_{lr} \quad (4.4)$$

由于三相绕组的轴线在空间的相位差是±120°,在假定气隙磁通为正弦分布的条件下,互感值为 $L_{ms}\cos120°=L_{ms}\cos(-120°)=-1/2 L_{ms}$,于是

$$\begin{cases} L_{AB}=L_{BC}=L_{CA}=L_{BA}=L_{CB}=L_{AC}=-\dfrac{1}{2}L_{ms} \\ L_{ab}=L_{bc}=L_{ca}=L_{ba}=L_{cb}=L_{ac}=-\dfrac{1}{2}L_{ms} \end{cases} \quad (4.5)$$

定、转子绕组间的互感,由于相互间位置的变化(见图4.1),分别表示为

$$\begin{cases} L_{Aa}=L_{aA}=L_{Bb}=L_{bB}=L_{Cc}=L_{cC}=L_{ms}\cos\theta \\ L_{Ab}=L_{bA}=L_{Bc}=L_{cB}=L_{Ca}=L_{aC}=L_{ms}\cos(\theta+120°) \\ L_{Ac}=L_{cA}=L_{Ba}=L_{aB}=L_{Cb}=L_{bC}=L_{ms}\cos(\theta-120°) \end{cases} \quad (4.6)$$

当定、转子两相绕组轴线重合时,两者之间的互感值最大,$L_{ms}$ 就是最大互感。

将式(4.5)、式(4.6)都代入式(4.1),即得完整的磁链方程,用分块矩阵表示为

$$\begin{bmatrix} \boldsymbol{\psi}_s \\ \boldsymbol{\psi}_r \end{bmatrix} = \begin{bmatrix} \boldsymbol{L}_{ss} & \boldsymbol{L}_{sr} \\ \boldsymbol{L}_{rs} & \boldsymbol{L}_{rr} \end{bmatrix} \begin{bmatrix} \boldsymbol{i}_s \\ \boldsymbol{i}_r \end{bmatrix} \quad (4.7)$$

其中

$$\boldsymbol{\psi}_s = [\psi_A \quad \psi_B \quad \psi_C]^T$$
$$\boldsymbol{\psi}_r = [\psi_a \quad \psi_b \quad \psi_c]^T$$
$$\boldsymbol{i}_s = [i_A \quad i_B \quad i_C]^T$$
$$\boldsymbol{i}_r = [i_a \quad i_b \quad i_c]^T$$

$$\boldsymbol{L}_\mathrm{ss} = \begin{bmatrix} L_\mathrm{ms}+L_\mathrm{ls} & -\dfrac{1}{2}L_\mathrm{ms} & -\dfrac{1}{2}L_\mathrm{ms} \\ -\dfrac{1}{2}L_\mathrm{ms} & L_\mathrm{ms}+L_\mathrm{ls} & -\dfrac{1}{2}L_\mathrm{ms} \\ -\dfrac{1}{2}L_\mathrm{ms} & -\dfrac{1}{2}L_\mathrm{ms} & L_\mathrm{ms}+L_\mathrm{ls} \end{bmatrix}$$

$$\boldsymbol{L}_\mathrm{rr} = \begin{bmatrix} L_\mathrm{ms}+L_\mathrm{lr} & -\dfrac{1}{2}L_\mathrm{ms} & -\dfrac{1}{2}L_\mathrm{ms} \\ -\dfrac{1}{2}L_\mathrm{ms} & L_\mathrm{ms}+L_\mathrm{lr} & -\dfrac{1}{2}L_\mathrm{ms} \\ -\dfrac{1}{2}L_\mathrm{ms} & -\dfrac{1}{2}L_\mathrm{ms} & L_\mathrm{ms}+L_\mathrm{lr} \end{bmatrix}$$

$$\boldsymbol{L}_\mathrm{rs} = \boldsymbol{L}_\mathrm{sr}^\mathrm{T} = \boldsymbol{L}_\mathrm{ms}\begin{bmatrix} \cos\theta & \cos(\theta-120°) & \cos(\theta+120°) \\ \cos(\theta+120°) & \cos\theta & \cos(\theta-120°) \\ \cos(\theta-120°) & \cos(\theta+120°) & \cos\theta \end{bmatrix}$$

$\boldsymbol{L}_\mathrm{rs}$ 和 $\boldsymbol{L}_\mathrm{sr}$ 分块矩阵互为转置，都与转子位置角 $\theta$ 相关。

### 4.1.2 电压方程

三相定子绕组的电压平衡方程为

$$\begin{cases} u_\mathrm{A} = i_\mathrm{A}R_\mathrm{s} + \dfrac{\mathrm{d}\psi_\mathrm{A}}{\mathrm{d}t} \\ u_\mathrm{B} = i_\mathrm{B}R_\mathrm{s} + \dfrac{\mathrm{d}\psi_\mathrm{B}}{\mathrm{d}t} \\ u_\mathrm{C} = i_\mathrm{C}R_\mathrm{s} + \dfrac{\mathrm{d}\psi_\mathrm{C}}{\mathrm{d}t} \end{cases} \tag{4.8}$$

与此相应，三相转子绕组折算到定子侧后的电压方程为

$$\begin{cases} u_\mathrm{a} = i_\mathrm{a}R_\mathrm{r} + \dfrac{\mathrm{d}\psi_\mathrm{a}}{\mathrm{d}t} \\ u_\mathrm{b} = i_\mathrm{b}R_\mathrm{r} + \dfrac{\mathrm{d}\psi_\mathrm{b}}{\mathrm{d}t} \\ u_\mathrm{c} = i_\mathrm{c}R_\mathrm{r} + \dfrac{\mathrm{d}\psi_\mathrm{c}}{\mathrm{d}t} \end{cases} \tag{4.9}$$

式中，$u_\mathrm{A}$、$u_\mathrm{B}$、$u_\mathrm{C}$、$u_\mathrm{a}$、$u_\mathrm{b}$、$u_\mathrm{c}$ 为定子和转子相电压的瞬时值；$R_\mathrm{s}$、$R_\mathrm{r}$ 为定子和转子绕组电阻。

将电压方程写成矩阵形式为

$$\begin{bmatrix} u_\mathrm{A} \\ u_\mathrm{B} \\ u_\mathrm{C} \\ u_\mathrm{a} \\ u_\mathrm{b} \\ u_\mathrm{c} \end{bmatrix} = \begin{bmatrix} R_\mathrm{s} & 0 & 0 & 0 & 0 & 0 \\ 0 & R_\mathrm{s} & 0 & 0 & 0 & 0 \\ 0 & 0 & R_\mathrm{s} & 0 & 0 & 0 \\ 0 & 0 & 0 & R_\mathrm{s} & 0 & 0 \\ 0 & 0 & 0 & 0 & R_\mathrm{s} & 0 \\ 0 & 0 & 0 & 0 & 0 & R_\mathrm{s} \end{bmatrix} \begin{bmatrix} i_\mathrm{A} \\ i_\mathrm{B} \\ i_\mathrm{C} \\ i_\mathrm{a} \\ i_\mathrm{b} \\ i_\mathrm{c} \end{bmatrix} + \dfrac{\mathrm{d}}{\mathrm{d}t}\begin{bmatrix} \psi_\mathrm{A} \\ \psi_\mathrm{B} \\ \psi_\mathrm{C} \\ \psi_\mathrm{a} \\ \psi_\mathrm{b} \\ \psi_\mathrm{c} \end{bmatrix} \tag{4.10}$$

或写成

$$u = Ri + \frac{d\psi}{dt} \tag{4.11}$$

如果把磁链方程代入电压方程，得展开后的电压方程为

$$u = Ri + \frac{d(Li)}{dt} = Ri + L\frac{di}{dt} + \frac{dL}{dt}i = Ri + L\frac{di}{dt} + \frac{dL}{d\theta}\omega i \tag{4.12}$$

式中，$L\frac{di}{dt}$ 是因为电流变化引起的脉变电动势；$\frac{dL}{d\theta}\omega i$ 是因为定、转子相对位置变化形成的旋转电动势。

### 4.1.3 转矩方程和运动方程

在线性电感情况下，电动机及内部的磁场储能 $W_m$ 和磁共能 $W_m'$ 为

$$W_m = W_m' = \frac{1}{2}i^T\psi = \frac{1}{2}i^T L i \tag{4.13}$$

转子机械角位移 $\theta_m = \theta/n_p$，下式成立：

$$T_e = \frac{\partial W_m'}{\partial \theta_m} = n_p \frac{\partial W_m'}{\partial \theta} \tag{4.14}$$

将式（4.13）代入式（4.14），并考虑到电感的分块矩阵关系式，得

$$T_e = \frac{1}{2}pi^T \frac{\partial L}{\partial \theta} i = \frac{1}{2}pi^T \begin{bmatrix} 0 & \frac{\partial L_{sr}}{\partial \theta} \\ \frac{\partial L_{sr}}{\partial \theta} & 0 \end{bmatrix} i \tag{4.15}$$

考虑到 $i^T = [i_A \quad i_B \quad i_C \quad i_a \quad i_b \quad i_c]$，并将式（4.14）代入式（4.15）并展开，得

$$T_e = -pL_{ms}[(i_A i_a + i_B i_b + i_C i_c)\sin\theta + (i_A i_b + i_B i_c + i_C i_a)\sin(\theta + 120°) + (i_A i_c + i_B i_a + i_C i_b)\sin(\theta - 120°)] \tag{4.16}$$

运动控制系统的运动方程式为

$$T_e - T_L = \frac{J}{p} \times \frac{d\omega}{dt} \tag{4.17}$$

## 4.2 交流电动机的矢量控制技术

### 4.2.1 矢量控制的原理

矢量控制技术早在 20 世纪 70 年代就已诞生并获得应用。目前，该技术仍然是一种理想的电动机调速方法。

对于直流电动机来说，其励磁绕组和电枢绕组彼此相互独立，容易实现励磁调节和电枢电流的独立调节；但是，对于交流电动机来说，要想实现像直流电动机那样的独立调节功能并不容易。所以，就提出了矢量变化的技术。矢量变化的基本目标就是设法将交流电动机的控制转换为像直流电动机控制一样。要想实现上述目的，可以将磁场和其正交的电流之积作为控制目标，改变其产生转矩的规律。

# 第 4 章 电动机的控制技术

在交流电动机中,定子电流和转子电流共同产生气隙磁通,感应电动机的电磁转矩表达式为

$$T = C_T I \Phi_m \cos\varphi_2 \tag{4.18}$$

式中,$C_T$ 为感应电动机结构常数;$\cos\varphi_2$ 为转子功率因数。

$$\varphi_2 = \arctan\frac{sx_2}{r_2} \tag{4.19}$$

式中,$s$ 为转差率;$x_2$ 为转子电抗;$r_2$ 为转子电阻。

通过上述公式可以看出,异步电动机的电磁转矩主要与气隙磁通、转子电流和转差率有关,而且气隙磁通和转子电流两者不互相独立。必须想办法来实现气隙磁通和转子电流的独立控制。

将式(4.18)中的 $\Phi_m$ 与 $\cos\varphi_2$ 的乘积当作一个新的变量,定义为转子磁通 $\Phi_2$,则交流电动机的转矩表达式可重写为

$$T = C_T I \Phi_2 \tag{4.20}$$

当交流电动机的定子三相对称绕组 A、B 和 C,通入三相对称交流电流 $i_A$、$i_B$ 和 $i_C$ 时,就会在电动机内部产生一个转速为 $\omega_0$ 的同步运行的旋转磁场。与上述情况类似,当任意几相对称绕组通入对应任意相电流时,都会产生旋转磁场。特别地,当两相位置互相垂直的固定绕组都通以两相交流电时,就会产生旋转磁场。设两个匝数相同、相互垂直的绕组 M 和 T,分别通入直流电流 $i_m$ 和 $i_t$,能够形成位置固定的磁通。当以上两个固定绕组同时都按照同步旋转速度运行时,则其产生的磁场也随之转动。所以,可以将交流电动机定子电流在 $M$ 轴上的分量 $i_m$ 等效为直流电动机的励磁电流,将在 $T$ 轴的分量 $i_t$ 等效为直流电动机的电枢电流。

由以上可知,为了获得类似直流电动机的控制方式,应该将交流电动机的三相绕组在静止 $ABC$ 坐标系中表示为按转子磁通方向的磁场上,并且满足该磁场以同步旋转速度的 $MT$ 直角坐标系,这样就实现了矢量的坐标变换。也就是将异步电动机在 $MT$ 直角坐标系上建立数学等效模型,这样交流电动机与直流电动机的数学模型形式类似,就可以像直流电动机那样比较容易地实现速度的调节。异步电动机矢量变换的基本控制原理如图 4.2 所示。图中 A、B 和 C 为定子三相对称绕组,$i_A$、$i_B$ 和 $i_C$ 表示通入交流电动机定子三相绕组的对称三相电流,3/2 表示三相坐标系变换为两相垂直坐标系,$i_{\alpha 1}$、$i_{\beta 1}$ 为两相静止坐标系等效电流,VR 表示同步旋转坐标变换,$i_{m1}$、$i_{t1}$ 为两相同步旋转坐标系等效电流。

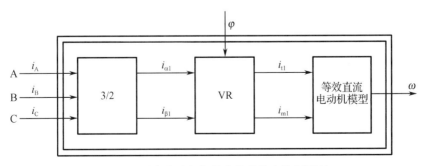

图 4.2 异步电动机矢量变换的基本控制原理

### 4.2.2 坐标变换与矢量变换

交流电动机在静止 ABC 坐标系中的数学模型是一个多变量非线性的复杂方程，如果不进行等效变换，将会使得电动机的控制难以实现。

**1. 数学变换的原则**

数学变换的矩阵表示方程为

$$Y = AX \tag{4.21}$$

上式表明，通过左乘矩阵 $A$ 可以将矩阵 $X$ 变换为另一个矩阵 $Y$，其中左乘矩阵 $A$ 为变换矩阵。在矢量控制中，经常将 $X$ 表示为电流向量，经过左乘矩阵 $A$ 就可以得到另一个坐标轴系中的电流向量，这时，矩阵 $A$ 为电流变换矩阵。电动机数学等效变换的原则如下。

① 电流变换矩阵的确定满足变换前后旋转磁场等效；
② 电流矩阵为正交矩阵；
③ 电压变换矩阵和阻抗变换矩阵变换前后电动机的功率不变。

设电流变换矩阵的方程如下：

$$I_N = CI \tag{4.22}$$

式中，$I_N$ 为变换后的电流变量；$I$ 为原来的电流变量；$C$ 为电流等效变换矩阵。

电压等效变换的矩阵方程为

$$U_N = BU \tag{4.23}$$

式中，$U_N$ 为变换后的电压变量；$U$ 为原来的电压变量；$B$ 为电压等效变换矩阵。

根据变换前后功率不变的原则，有

$$B = C^T \tag{4.24}$$

式中，$C^T$ 为电流变换矩阵 $C$ 的转置矩阵。

上述变换公式表明，按照功率恒定原则，如果已知电流变换矩阵 $C$，则可以根据阻抗变换矩阵 $C^T$ 确定电压变换矩阵 $B$。

**2. 定子绕组轴系的变换**

三相轴系和两相轴系之间的变换简称 3/2 或者 2/3 变换。其变换的条件必须满足总的磁动势不变，用等效的互相垂直的两相绕组来代替三相绕组轴系。三相和两相坐标系之间及其与绕组磁动势的空间矢量关系如图 4.3 所示。

假设三相静止轴系 $A$ 相与两相轴系的 $\alpha$ 轴重合，即

$$N_2 \begin{bmatrix} i_\alpha \\ i_\beta \end{bmatrix} = N_3 \begin{bmatrix} 1 & -1/2 & -1/2 \\ 0 & \sqrt{3}/2 & -\sqrt{3}/2 \end{bmatrix} \begin{bmatrix} i_A \\ i_B \\ i_C \end{bmatrix} \tag{4.25}$$

设零轴系

$$N_2 i_0 = N_3 k (i_a + i_b + i_c) \tag{4.26}$$

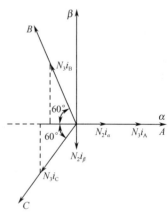

图 4.3 三相和两相坐标系之间及其与绕组磁动势的空间矢量关系

$$N_2 \begin{bmatrix} i_\alpha \\ i_\beta \\ i_0 \end{bmatrix} = N_3 \begin{bmatrix} 1 & -1/2 & -1/2 \\ 0 & \sqrt{3}/2 & -\sqrt{3}/2 \\ k & k & k \end{bmatrix} \begin{bmatrix} i_A \\ i_B \\ i_C \end{bmatrix} \tag{4.27}$$

令

$$C^{-1} = \frac{N_3}{N_2}\begin{bmatrix} 1 & -1/2 & -1/2 \\ 0 & \sqrt{3}/2 & -\sqrt{3}/2 \\ k & k & k \end{bmatrix} \quad (4.28)$$

对 $C^{-1}$ 求逆,得到

$$C = \frac{2}{3}\frac{N_2}{N_3}\begin{bmatrix} 1 & 0 & 1/2k \\ -1/2 & \sqrt{3}/2 & 1/2k \\ -1/2 & -\sqrt{3}/2 & 1/2k \end{bmatrix} \quad (4.29)$$

转置矩阵为

$$C^{\mathrm{T}} = \frac{2}{3}\frac{N_2}{N_3}\begin{bmatrix} 1 & -1/2 & -1/2 \\ 0 & \sqrt{3}/2 & -\sqrt{3}/2 \\ 1/2k & 1/2k & 1/2k \end{bmatrix} \quad (4.30)$$

依据坐标变换功率不变原则,$C^{-1}=C^{\mathrm{T}}$,有

$$\begin{cases} k = \dfrac{1}{2} \\ \dfrac{N_3}{N_2} = \sqrt{\dfrac{2}{3}} \end{cases} \quad (4.31)$$

将式(4.31)代入 $C^{-1}$ 表达式得

$$C^{-1} = \sqrt{\frac{2}{3}}\begin{bmatrix} 1 & -1/2 & -1/2 \\ 0 & \sqrt{3}/2 & -\sqrt{3}/2 \\ 1/\sqrt{2} & 1/\sqrt{2} & 1/\sqrt{2} \end{bmatrix} \quad (4.32)$$

式(4.32)就是 3/2 变换矩阵,其逆矩阵 $C$ 为 2/3 变换矩阵。

**3. 两相坐标系之间的旋转变换**

将两相静止坐标系变换为两相旋转坐标系叫作两相坐标变换,简称 2s/2r 变换。下标 s 表示静止坐标系,下标 r 表示旋转坐标系。将两个坐标系用图形的方式表示出来,两相静止坐标系即 $\alpha\beta$ 坐标系变换到两相旋转坐标系 MT 的磁动势空间矢量图如图 4.4 所示。2s/2r 变换前后,要保证当静止坐标系通入两相交流电流 $i_\alpha$ 和 $i_\beta$ 时能够产生旋转速度为 $\omega_1$ 的合成磁动势 $F_1$,旋转坐标系 MT 通入两相直流电 $i_\mathrm{m}$ 和 $i_\mathrm{t}$ 时,也能够产生旋转速度为 $\omega_1$ 的合成磁动势 $F_1$。当各相绕组匝数相等时,合成磁动势 $F_1$ 就可以用 $i_1$ 表示。图中由于 $\alpha\beta$ 坐标系静止,而坐标系 MT 旋转变化,所以 $\alpha$ 轴和 M 轴的夹角 $\varphi$ 随时间而变化,合成电流 $i_1$ 在 $\alpha\beta$ 轴上的分量 $i_\alpha$ 和 $i_\beta$ 也变化。两相交流电流 $i_\alpha$ 和 $i_\beta$ 与两相直流电流 $i_\mathrm{m}$ 和 $i_\mathrm{t}$ 之间的关系如下:

$$\begin{cases} i_\alpha = i_\mathrm{m}\cos\varphi - i_\mathrm{t}\sin\varphi \\ i_\beta = i_\mathrm{m}\sin\varphi + i_\mathrm{t}\cos\varphi \end{cases} \quad (4.33)$$

式(4.33)相应的矩阵形式为

$$\begin{bmatrix} i_\alpha \\ i_\beta \end{bmatrix} = \begin{bmatrix} \cos\varphi & -\sin\varphi \\ \sin\varphi & \cos\varphi \end{bmatrix}\begin{bmatrix} i_\mathrm{m} \\ i_\mathrm{t} \end{bmatrix} = C_{2\mathrm{r}/2\mathrm{s}}\begin{bmatrix} i_\mathrm{m} \\ i_\mathrm{t} \end{bmatrix} \quad (4.34)$$

式中，$\boldsymbol{C}_{2r/2s} = \begin{bmatrix} \cos\varphi & -\sin\varphi \\ \sin\varphi & \cos\varphi \end{bmatrix}$，叫作两相旋转到两相静止坐标系变换矩阵。其逆矩阵 $\boldsymbol{C}_{2s/2r} = \begin{bmatrix} \cos\varphi & \sin\varphi \\ -\sin\varphi & \cos\varphi \end{bmatrix}$。

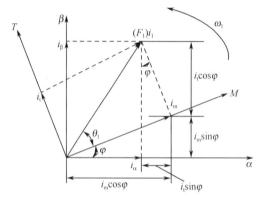

图 4.4 两相静止坐标系即 $\alpha\beta$ 坐标系变换到两相旋转坐标系 $MT$ 的磁动势空间矢量图

电压和磁链的旋转变换矩阵与电流和磁动势旋转变换相同。

从三相静止坐标系到两相旋转坐标系的变换，简称 3s/2r 变换，也称 Park 变换。显然，将式（4.33）代入式（4.34），即可实现 3s/2r 变换，有

$$\begin{bmatrix} i_d \\ i_q \end{bmatrix} = \sqrt{\frac{2}{3}} \begin{bmatrix} \cos\varphi & \cos(\varphi-120°) & \cos(\varphi+120°) \\ \sin\varphi & \sin(\varphi-120°) & \sin(\varphi+120°) \end{bmatrix} \begin{bmatrix} i_A \\ i_B \\ i_C \end{bmatrix} \qquad (4.35)$$

因此，三相静止坐标系到两相旋转坐标系的变换矩阵为

$$\boldsymbol{C}_{3s/2r} = \sqrt{\frac{2}{3}} \begin{bmatrix} \cos\varphi & \cos(\varphi-120°) & \cos(\varphi+120°) \\ \sin\varphi & \sin(\varphi-120°) & \sin(\varphi+120°) \end{bmatrix} \qquad (4.36)$$

用前面类似的方法，可得到三相静止到两相旋转坐标系的逆变换为

$$\begin{bmatrix} i_A \\ i_B \\ i_C \end{bmatrix} = \sqrt{\frac{2}{3}} \begin{bmatrix} \cos\varphi & \sin\varphi \\ \cos(\varphi-120°) & \sin(\varphi-120°) \\ \cos(\varphi+120°) & \sin(\varphi+120°) \end{bmatrix} \begin{bmatrix} i_d \\ i_q \end{bmatrix} \qquad (4.37)$$

其变换矩阵为

$$\boldsymbol{C}_{3s/2r} = \sqrt{\frac{2}{3}} \begin{bmatrix} \cos\varphi & \sin\varphi \\ \cos(\varphi-120°) & \sin(\varphi-120°) \\ \cos(\varphi+120°) & \sin(\varphi+120°) \end{bmatrix}$$

### 4.2.3 矢量变换控制调速系统

**1. 矢量变换控制的基本方式**

在矢量控制系统中，被控制的量是定子电流，因此需要从交流电动机的数学模型中找到定子电流的两个分量和其他物理量之间的关系。先将三相静止坐标系上的电压、磁链和转矩方程均变换到两相旋转坐标系上。采用 3/2 变换能够将以上方程变换到两相静止坐标系 $\alpha\beta$ 上，

然后利用旋转矩阵 $C_{2s/2r}$ 将其变换到旋转坐标系 $dq$ 上，最后再变换到按转子磁场定向的 $MT$ 坐标系上。

三相静止坐标系中交流电动机的数学模型为

$$\begin{cases} u = Ri + L\dfrac{di}{dt} + \omega \dfrac{dL}{d\theta}i \\ T_e = T_L + \dfrac{J}{p}\dfrac{d\omega}{dt} \\ \omega = \dfrac{d\theta}{dt} \end{cases} \quad (4.38)$$

将其变换到两相坐标系中，因两相坐标轴互相垂直，两相绕组之间完全解耦，将使交流电动机的数学模型变得较为简单，有利于控制的实施。

1）变换到两相任意旋转坐标系（$dq$ 坐标系）的数学模型

在两相模型的基础上获得的坐标系可以是静止的，也可以是同步旋转的。

电压方程为

$$\begin{bmatrix} u_{d1} \\ u_{q1} \\ u_{d2} \\ u_{q2} \end{bmatrix} = \begin{bmatrix} R_1 + L_s p & -\omega_{11}L_s & L_m p & -\omega_{11}L_m \\ \omega_{11}L_s & R_1 + L_s p & \omega_{11}L_m & L_m p \\ L_m p & -\omega_{12}L_m & R_2' + L_r p & -\omega_{12}L_r \\ \omega_{12}L_m & L_m p & \omega_{12}L_s & R_2' + L_r p \end{bmatrix} \begin{bmatrix} i_{d1} \\ i_{q1} \\ i_{d2} \\ i_{q2} \end{bmatrix} \quad (4.39)$$

式中，定子各量用下角标 1 表示；转子各量用下角标 2 表示；$L_m$ 是定、转子互感，$L_m = (3/2) L_{m1}$；$L_s$ 是定子自感，$L_s = L_m + L_{11}$；$L_r$ 是转子自感，$L_r = L_m + L_{12}$。

磁链方程为

$$\begin{bmatrix} \psi_{d1} \\ \psi_{q1} \\ \psi_{d2} \\ \psi_{q2} \end{bmatrix} = \begin{bmatrix} L_s & 0 & L_m & 0 \\ 0 & L_s & 0 & L_m \\ L_m & 0 & L_r & 0 \\ 0 & L_m & 0 & L_r \end{bmatrix} \begin{bmatrix} i_{d1} \\ i_{q1} \\ i_{d2} \\ i_{q2} \end{bmatrix} \quad (4.40)$$

转矩和运动方程为

$$T = pL_m(i_{d1}i_{d2} - i_{d1}i_{q2}) = T_L + \dfrac{J}{p}\dfrac{d\omega}{dt} \quad (4.41)$$

2）两相同步旋转坐标系的数学模型

如果坐标系的旋转速度为同步角速度 $\omega_1$，转子的转速为 $\omega$，坐标轴相对于转子的角速度 $\omega_{12} = \omega_1 - \omega = \omega_s$，即转差角速度。代入电压方程表达式得到同步旋转速度坐标系上的电压方程：

$$\begin{bmatrix} u_{d1} \\ u_{q1} \\ u_{d2} \\ u_{q2} \end{bmatrix} = \begin{bmatrix} R_1 + L_s p & -\omega_1 L_s & L_m p & -\omega_1 L_m \\ \omega_1 L_s & R_1 + L_s p & \omega_1 L_m & L_m p \\ L_m p & -\omega_s L_m & R_2' + L_r p & -\omega_s L_r \\ \omega_s L_m & L_m p & \omega_s L_s & R_2' + L_r p \end{bmatrix} \begin{bmatrix} i_{d1} \\ i_{q1} \\ i_{d2} \\ i_{q2} \end{bmatrix} \quad (4.42)$$

磁链方程、转矩方程和运动方程的形式不变。

3）两相同步旋转坐标系上按转子磁场定向的数学模型

规定 $d$ 轴沿转子总磁链 $\psi_2$ 的方向为 $M$ 轴；而规定 $q$ 轴逆时针旋转 $90°$，与 $\psi_2$ 垂直的方向为 $T$ 轴，这样得到的坐标系称为按转子磁场定向的坐标系，下式即为该变换的矩阵形式。

$$\begin{bmatrix} u_{m1} \\ u_{t1} \\ u_{m2} \\ u_{t2} \end{bmatrix} = \begin{bmatrix} R_1 + L_s p & -\omega_1 L_s & L_m p & -\omega_1 L_m \\ \omega_1 L_s & R_1 + L_s p & \omega_1 L_m & L_m p \\ L_m p & -\omega_s L_m & R_2' + L_r p & -\omega_s L_r \\ \omega_s L_m & L_m p & \omega_s L_r & R_2' + L_r p \end{bmatrix} \begin{bmatrix} i_{m1} \\ i_{t1} \\ i_{m2} \\ i_{t2} \end{bmatrix} \tag{4.43}$$

由于 $\psi_2$ 本身就是以同步旋转速度旋转的矢量，有 $\psi_{m2}=\psi_2$，$\psi_{t2}=0$。

有下式成立：

$$\begin{cases} L_m i_{m1} + L_r i_{m2} = \psi_2 \\ L_m i_{t1} + L_r i_{t2} = 0 \end{cases} \tag{4.44}$$

将式（4.44）代入式（4.43）得

$$\begin{bmatrix} u_{m1} \\ u_{t1} \\ u_{m2} \\ u_{t2} \end{bmatrix} = \begin{bmatrix} R_1 + L_s p & -\omega_1 L_s & L_m p & -\omega_1 L_m \\ \omega_1 L_s & R_1 + L_s p & \omega_1 L_m & L_m p \\ L_m p & 0 & R_2' + L_r p & 0 \\ \omega_s L_m & 0 & \omega_s L_r & R_2' \end{bmatrix} \begin{bmatrix} i_{m1} \\ i_{t1} \\ i_{m2} \\ i_{t2} \end{bmatrix} \tag{4.45}$$

式中出现了零元素，表明降低了各量之间的耦合关系，模型得到了简化。

将式（4.44）代入式（4.41）得

$$\begin{aligned} T &= pL_m(i_{t1}i_{m2} - i_{m1}i_{t2}) = pL_m \left[ i_{t1}i_{m2} - \frac{\psi_2 - L_r i_{m2}}{L_m}\left(-\frac{L_m i_{t1}}{L_r}\right) \right] \\ &= pL_m\left[ i_{t1}i_{m2} + \frac{\psi_2 i_{t1}}{L_r} - i_{t1}i_{m2} \right] = p\frac{L_m}{L_r}\psi_2 i_{t1} \end{aligned} \tag{4.46}$$

可以看出，电磁转矩表达式大大简化。

对于笼型转子的交流电动机，转子是短路环，$u_{m2}=u_{t2}=0$，式（4.45）进一步简化为

$$\begin{bmatrix} u_{m1} \\ u_{t1} \\ 0 \\ 0 \end{bmatrix} = \begin{bmatrix} R_1 + L_s p & -\omega_1 L_s & L_m p & -\omega_1 L_m \\ \omega_1 L_s & R_1 + L_s p & \omega_1 L_m & L_m p \\ L_m p & 0 & R_2' + L_r p & 0 \\ \omega_s L_m & 0 & \omega_s L_r & R_2' \end{bmatrix} \begin{bmatrix} i_{m1} \\ i_{t1} \\ i_{m2} \\ i_{t2} \end{bmatrix} \tag{4.47}$$

从式（4.44）可以得到

$$i_{m2} = -\frac{p\psi_2}{R_2'} \tag{4.48}$$

从而得到 $M$ 轴定子电流分量为

$$i_{m1} = \frac{T_2 p + 1}{L_m}\psi_2 \tag{4.49}$$

$$\psi_2 = \frac{L_m}{T_2 p + 1}i_{m1} \tag{4.50}$$

式中，$T_2$ 是转子励磁时间常数，$T_2 = L_r / R_2'$。

式（4.50）表明，转子磁链 $\psi_2$ 仅由 $i_{m1}$ 产生，与 $i_{t1}$ 无关。因此 $i_{m1}$ 称为定子电流的励磁分量。

式（4.46）表明，如果转子磁链 $\psi_2$ 恒定，则电磁转矩与 $i_{t1}$ 成正比，$i_{t1}$ 即为定子电流的转矩分量。可知定子电流的两个分量解耦，此时简化了交流变频调速系统的控制。

由式（4.47）第四行得到

$$0 = \omega_s(L_m i_{m1} + L_r i_{m2}) + R'_2 i_{t2} = \omega_s \psi_2 + R'_2 i_{t2} \tag{4.51}$$

与式（4.44）联立，得到

$$\omega_s = \frac{L_m i_{t1}}{T_2 \psi_2} \tag{4.52}$$

式（4.52）表明，当转子磁链 $\psi_2$ 不变时，矢量变换控制系统的转差率在动态过程中也能和转矩成正比。

式（4.46）、式（4.50）和式（4.52）构成了矢量控制的基本方程。

**2．异步电动机的矢量控制系统**

根据矢量控制的基本方程，可以建立交流电动机矢量变换模型，如图 4.5 所示。图中，变换模型分解成 $\psi_2$ 和 $\omega$ 两个子系统。这时把定子电流看成 $i_{m1}$ 和 $i_{t1}$ 的合成。但是由于电磁转矩 $T_e$ 受到 $i_{t1}$ 和 $\psi_2$ 的影响，所以两个子系统并没有完全解耦。

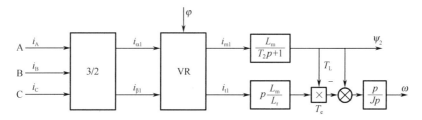

图 4.5 交流电动机矢量变换模型

1）带除法环节的解耦矢量控制系统

带除法环节的解耦矢量控制系统如图 4.6 所示，系统包含磁链调节器 A$\psi$R 和转速调节器 ASR，二者可以调节磁链 $\psi_2$ 和角速度 $\omega$ 的大小，满足一定的假设条件就可以消除 $\psi_2$ 对 $T_e$ 的影响。由于交流电动机矢量变换模型中的转子磁链 $\psi_2$ 和转子磁场定向角 $\varphi$ 不容易检测，所以通常采用观测值。

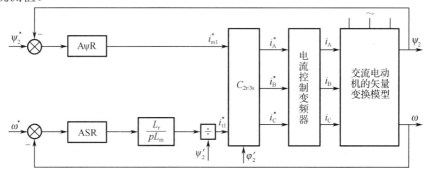

图 4.6 带除法环节的解耦矢量控制系统

2）磁链开环转差矢量控制系统

磁链开环转差矢量控制系统如图 4.7 所示，它是矢量控制系统的一种简单的结构形式。该系统的主要特点如下。

（1）主电路采用交-直-交电流源型变频器，适用于大容量的电动机调速。

（2）转速调节器 ASR 的输出是定子电流转矩分量的给定信号，与双闭环直流调速系统的电枢电流给定信号相当。

（3）定子电流给定信号 $U_{im1}^*$ 和转子磁链给定信号 $U_{\varphi 2}^*$ 满足式（4.49），比例微分部分能够满足 $i_{m1}$ 在动态中强迫励磁。

（4）$U_{it1}^*$ 和 $U_{im1}^*$ 经直角坐标/极坐标（K/P）变换后输出定子电流幅值给定信号 $U_{i1}^*$ 和相位角给定信号 $U_{\theta 1}^*$。调节器 ASR 控制定子电流，用逆变器换相的触发时刻来控制定子电流相位。

（5）转差频率给定信号 $U_{\omega s}^*$ 由式（4.52）确定，实现了转差型的矢量控制。

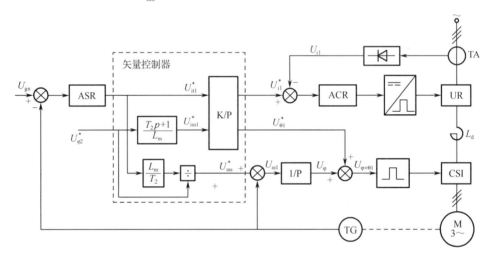

图 4.7　磁链开环转差矢量控制系统

### 4.2.4　数字化矢量控制系统设计

**1．一般设计内容**

数字化矢量控制系统设计的内容包括交流电动机的数学建模、矢量控制的基本方程和矢量控制系统的软、硬件设计。

**2．矢量控制系统的硬件设计**

以 DSP 为核心的矢量控制系统原理图如图 4.8 所示。

（1）以 DSP 为核心的矢量控制系统被广泛应用。目前已经开发出较多电动机控制专用的 DSP 芯片，这种芯片的特点是运行速度快，实时处理能力强，可以实现比较复杂的控制算法。

（2）检测电路模块主要由转速、定子电流和直流电流/电压等检测环节构成。转速检测一般通过安装增量式光电编码器将转速信号变换为脉冲信号，经过整流放大环节后，输入到 DSP 控制芯片的 QEP 模块，最后获得转速。定子电流检测通常采用霍尔传感器，经过滤波放大电路后送入 DSP 控制芯片内的 A/D 转换器，经计算得到定子电流。

（3）主电路采用交-直-交电压型变换器，分为不可控整流和逆变两个部分，电感和电容完成低通滤波。

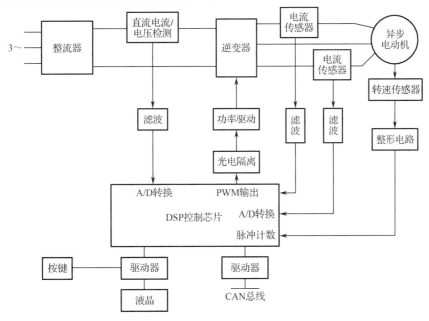

图 4.8　以 DSP 为核心的矢量控制系统原理图

**3. 矢量控制系统的软件设计**

如图 4.9 所示，系统的软件设计主程序用来实现芯片的初始化和变量定义操作，以及系统的启动、停机等控制。中断服务程序是整个控制的主要部分，包括矢量变换子程序、转子磁链计算子程序、转子磁链发生器子程序、转速调节器子程序、指令电流计算子程序和滞环比较器子程序等。矢量变换子程序完成静止坐标系到两相坐标系的变换、矢量旋转变换及其逆变换；转子磁链计算子程序获得转子磁链观测值、转子磁链位置角的观测值及转差角速度等。

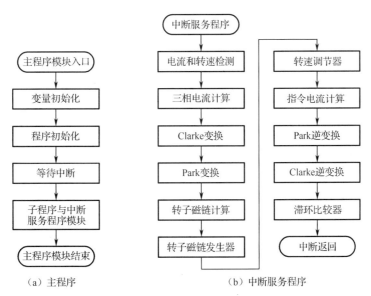

(a) 主程序　　　　　　　　　(b) 中断服务程序

图 4.9　矢量控制系统软件流程图

## 4.3 直接转矩控制（DTC）

### 4.3.1 异步电动机的直接转矩控制

异步电动机是使用最广泛的一类电动机，最早的直接转矩控制也是针对异步电动机提出的。

**1. 直接转矩控制的基本原理**

直接转矩控制系统的基本结构如图 4.10 所示。

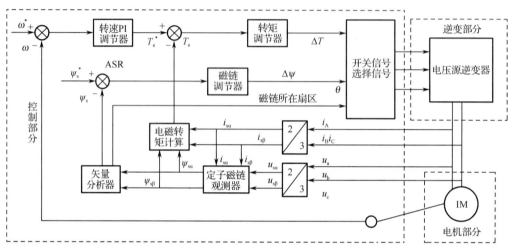

图 4.10 直接转矩控制系统的基本结构

在图 4.10 中，采样周期的第一步就是读取逆变器直流侧电压、电动机定子三相电流中的 A、B 两相及从光电编码器中所测得的速度信号，由直流侧电压和逆变器开关状态计算出交流侧电压，进而进行定子磁链和电磁转矩的估算；接着进行定子磁链空间位置的判断；然后由速度环得到电磁转矩的给定值，在得到定子磁链和电磁转矩的给定值与实际值之差后，根据控制规则得到工作电压矢量；最后输出工作电压矢量。直接转矩控制中的电压检测有两种方式，一种是通过查表直接获得。因为在直接转矩控制中直流侧电压一般是恒定的，所以，只要测出直流侧电压（直流侧电压的测量可以采用分压器或者采样电阻），通过查表 4.1 即可获得交流侧电压的 $\alpha$、$\beta$ 分量。

表 4.1 电压空间矢量对应的各分量

| 电压矢量 $u_i$ | $\alpha$ 分量 $u_\alpha$ | $\beta$ 分量 $u_\beta$ | 电压矢量 $u_i$ | $\alpha$ 分量 $u_\alpha$ | $\beta$ 分量 $u_\beta$ |
|---|---|---|---|---|---|
| 0 | 0 | 0 | 4 | $\sqrt{\dfrac{2}{3}}E$ | 0 |
| 1 | $-\dfrac{1}{\sqrt{6}}E$ | $-\dfrac{1}{\sqrt{2}}E$ | 5 | $\dfrac{1}{\sqrt{6}}E$ | $-\dfrac{1}{\sqrt{2}}E$ |
| 2 | $-\dfrac{1}{\sqrt{6}}E$ | $\dfrac{1}{\sqrt{2}}E$ | 6 | $\dfrac{1}{\sqrt{6}}E$ | $\dfrac{1}{\sqrt{2}}E$ |
| 3 | $-\sqrt{\dfrac{2}{3}}E$ | 0 | 7 | 0 | 0 |

这种方法很简单，不需要增加电压检测硬件，其缺点是查出的电压空间矢量各分量都是理想值，没有计及负载侧的波动。

另一种电压测量方法是直接检测，在电路交流侧安装电压检测元件，利用互感器得到实时的交流 A 相和 B 相电压值，再采取坐标变换变换为 α、β 坐标系下的参数。

此外，还可以采用电流互感器或传感器得到 A、B 两相的电流，再按照式（4.53）变换为 α、β 坐标系下的参数。转速的测量也有两种方法，一种是通过测速电动机，将转速转换为电压，然后通过 A/D 转换后送入计算机进行处理；另一种是通过光电码盘，直接将转速信号转换为数字量。很显然，在全数字直接转矩控制中采用光电码盘比较合适，它可以有效地提高运行可靠性和降低维护费用。

$$\begin{bmatrix} u_\alpha \\ u_\beta \end{bmatrix} = \begin{bmatrix} \sqrt{\frac{3}{2}} & 0 \\ \frac{1}{\sqrt{2}} & \sqrt{2} \end{bmatrix} \begin{bmatrix} u_A \\ u_B \end{bmatrix} \quad (4.53)$$

**2. 逆变器的开关状态分析**

理想电压型逆变器如图 4.11 所示，共由六个开关元件构成，它们是 $S_a$、$\overline{S}_a$、$S_b$、$\overline{S}_b$、$S_c$、$\overline{S}_c$。可知 $S_a$ 与 $\overline{S}_a$、$S_b$ 与 $\overline{S}_b$、$S_c$ 与 $\overline{S}_c$ 互为反向，一通一断。实际上每组开关只有一个独立变量，三组开关共有 $2^3 = 8$ 种开关状态组合，用二进制数的组合来表示。

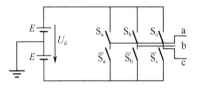

图 4.11 理想电压型逆变器

**3. 电压空间矢量的定义**

引入 Park 变换，假设选定定子坐标系中的 α 轴和 Park 矢量复平面中的 α 实轴重合，三相负载接为星形，输出电压矢量 $U_S$ 的 Park 方程为

$$U_{S0}(S_a S_b S_c) = \sqrt{\frac{2}{3}} E (S_a + S_b e^{j\frac{2\pi}{3}} + S_c e^{-j\frac{2\pi}{3}}) \quad (4.54)$$

通过 Park 变换，对应逆变器的 8 种开关状态得到 8 个电压状态，电压矢量空间分布如图 4.12 所示，分别为

$$U_{S0}(000) = U_{S7}(111) = 0$$

$$U_{S1}(001) = \sqrt{\frac{2}{3}} E e^{j\frac{4\pi}{3}}$$

$$U_{S2}(010) = \sqrt{\frac{2}{3}} E e^{j\frac{2\pi}{3}}$$

$$U_{S3}(011) = \sqrt{\frac{2}{3}} E e^{j\pi}$$

$$U_{S4}(100) = \sqrt{\frac{2}{3}} E e^{j0}$$

$$U_{S5}(101) = \sqrt{\frac{2}{3}} E e^{j\frac{5\pi}{3}}$$

$$U_{S6}(110) = \sqrt{\frac{2}{3}} E e^{j\frac{\pi}{3}}$$

逆变器的 8 个电压状态形成了 8 个离散的电压空间矢量。

**4．电压空间矢量对定子磁链及电磁转矩的影响**

1）电压空间矢量对定子磁链的影响

按照磁链矢量定点运动轨迹分类，有六边形磁链轨迹和近似圆形磁链轨迹两种，如图 4.13、图 4.14 所示。在静止 $\alpha\beta$ 坐标系中，六边形磁链轨迹方案按照电压矢量 $U_{S1} \sim U_{S6}$ 分段；对于近似圆形磁链轨迹方案，按照超前电压矢量 30°的虚线分成 6 个区段 S(1)～S(6)。

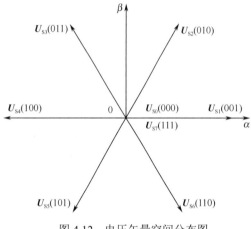

图 4.12　电压矢量空间分布图

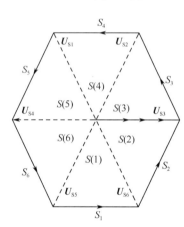

图 4.13　六边形磁链轨迹

图 4.13 中如果磁链空间矢量位于 S(4)，此时逆变器给定子上的电压矢量为 $U_{S4}$ (100)，那么定子磁链矢量从 $\psi_s(t)$ 的顶点将沿着 $S_4$ 边的轨迹，向电压矢量 $U_{S4}$ 所作用的方向运动。$\psi_s(t)$ 沿着 $S_4$ 边到 S(4)与 S(5)的交界处，当电压空间矢量为 $U_{S5}$ 时，则磁链空间矢量 $\psi_s(t)$ 的顶点则会按照与 $U_{S5}$ (101)平行的方向，沿着边 $S_5$ 轨迹运动。按照上述情况依次在各个区段给出相应的电压空间矢量，定子磁链 $\psi_s(t)$ 的顶点将依次沿着六边形的轨迹运动，就形成基于六边形磁链的直接转矩控制。

近似圆形磁链轨迹如图 4.14 所示，如果磁链矢量位于 S(1)区段，此时磁链低于允许值的下限，为了增大磁链，给出定子上的电压空间矢量为 $U_{S2}$ (010)；反之，给出定子上的电压空间矢量为 $U_{S3}$ (011)。可见在一个区间需要两种电压矢量控制，依次在各个区段给出相应的电压空间矢量，定子磁链 $\psi_s(t)$ 的顶点将依次沿着近似圆形的轨迹运动。

2）空间矢量对电动机电磁转矩的影响

直接转矩控制可以改变电压矢量 $U_S(t)$ 来调节定子磁链的行走速度，最终调节定、转子磁链之间的夹角 $\theta(t)$，来控制电动机转矩。电磁转矩可以表示为

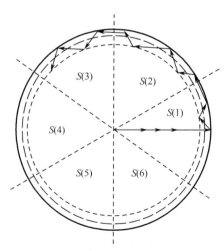

图 4.14　近似圆形磁链轨迹

$$T_e = K(\overline{\psi}_s(t) \times \overline{\psi}_r(t)) = K|\overline{\psi}_s||\overline{\psi}_r|\sin\theta(t) \tag{4.55}$$

式中，$|\overline{\psi}_s|$ 和 $|\overline{\psi}_r|$ 依次为定、转子磁链矢量 $\overline{\psi}_s$ 和 $\overline{\psi}_r$ 的幅值；$\theta(t)$ 为 $\overline{\psi}_s$ 和 $\overline{\psi}_r$ 的夹角，即磁通角；$K$ 为由电动机结构参数决定的转矩系数。由式（4.55）得到的电磁转矩和定、转子磁链及其夹角 $\theta(t)$ 有关。

图 4.15 中给出了在 $t_1$ 时刻定子磁链 $\overline{\psi}_s(t_1)$、转子磁链 $\overline{\psi}_r(t_1)$ 及磁通角 $\theta(t_1)$ 的位置。从 $t_1$ 到 $t_2$ 过程中，如果令定子电压为 $U_s(t)$，那么定子磁链使 $\overline{\psi}_s(t_1)$ 的位置旋转到 $\overline{\psi}_s(t_2)$ 的位置，其运动轨迹为 $\Delta\overline{\psi}_s(t)$。从 $t_1$ 到 $t_2$ 过程中，定子磁链速度比转子磁链速度大，磁通角 $\theta(t)$ 增加，从 $\theta(t_1)$ 增大到 $\theta(t_2)$，对应转矩也会增大。

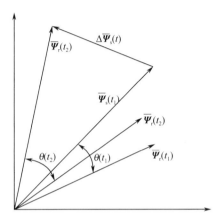

图 4.15 电压空间矢量对电磁转矩的影响

假设 $t_2$ 时刻设定零电压矢量，此时定子磁链矢量 $\overline{\psi}_s(t_2)$ 静止在 $t_2$ 不变，转子磁链矢量以 $\omega_s$ 的速度运动，导致磁通角变小，致使转矩减小。

### 4.3.2 直接转矩控制异步电动机的数学模型

直接转矩控制在静止 $\alpha\beta$ 坐标系下的数学模型包括以下三组方程。

（1）电压方程为

$$\begin{bmatrix} u_{s\alpha} \\ u_{s\beta} \\ u_{r\alpha} \\ u_{r\beta} \end{bmatrix} = \begin{bmatrix} R_s + L_s p & 0 & L_m p & 0 \\ 0 & R_s + L_s p & 0 & L_m p \\ L_m p & \omega & R_r + L_r p & \omega L_r \\ -\omega L_m & L_m p & -\omega_s L_r & R_r + L_r p \end{bmatrix} \begin{bmatrix} i_{s\alpha} \\ i_{s\beta} \\ i_{r\alpha} \\ i_{r\beta} \end{bmatrix} \tag{4.56}$$

（2）磁链方程为

$$\begin{bmatrix} \psi_{s\alpha} \\ \psi_{s\beta} \\ \psi_{r\alpha} \\ \psi_{r\beta} \end{bmatrix} = \begin{bmatrix} L_s & 0 & L_m & 0 \\ 0 & L_s & 0 & L_m \\ L_m & 0 & L_r & 0 \\ 0 & L_m & 0 & L_r \end{bmatrix} \begin{bmatrix} i_{s\alpha} \\ i_{s\beta} \\ i_{r\alpha} \\ i_{r\beta} \end{bmatrix} \tag{4.57}$$

（3）运动方程为

$$T_e = T_L + \frac{J}{n_p}\frac{d\omega}{dt} \tag{4.58}$$

上述各式中，$u_{s\alpha}$、$u_{s\beta}$、$u_{r\alpha}$、$u_{r\beta}$ 依次是定、转子电压的 $\alpha$、$\beta$ 分量；$i_{s\alpha}$、$i_{s\beta}$、$i_{r\alpha}$、$i_{r\beta}$ 依次是定、转子电流的 $\alpha$、$\beta$ 分量；$R_s$、$R_r$ 依次是定、转子电阻；$L_s$、$L_r$、$L_m$ 依次是定、转子自感和定、转子互感；$\omega$ 是转速；p 是微分算子；$\psi_{s\alpha}$、$\psi_{s\beta}$、$\psi_{r\alpha}$、$\psi_{r\beta}$ 依次是定、转子磁链的 $\alpha$、$\beta$ 分量；$T_e$ 是电磁转矩；$n_p$ 是极对数；$T_L$ 是负载转矩；$J$ 是整个系统的转动惯量。

# 第5章 电动机 MATLAB 和 Ansoft 仿真基础

## 5.1 MATLAB 的系统开发环境

MATLAB（Matrix Laboratory）是一款仿真软件，制造商为美国 MathWorks 公司，是产生于 20 世纪 80 年代的一种综合类仿真软件，它具有用户界面友好和开放性强的突出特点。MATLAB 可以把矩阵运算、数值分析、图形处理、图形用户界面和编程技术集成在一起，是使用者强有力的工程问题分析、计算及程序设计的工具。目前，MATLAB 应用于许多学科，已经是一款适用于多学科、多平台和功能强大的仿真软件。因为其强大的实用性，MATLAB 已经成为许多高校工程专业必修的课程之一，大多数高等院校和科研院所也用 MATLAB 作为主要的科研工具。

首先应该熟悉 MATLAB 的初始用户对话框，对 MATLAB 软件常用功能的基本操作方法要熟练。

MATLAB 的初始工作环境如图 5.1 所示，通常包括菜单栏、工具栏、当前目录窗口、工作空间窗口、历史命令窗口和命令窗口。

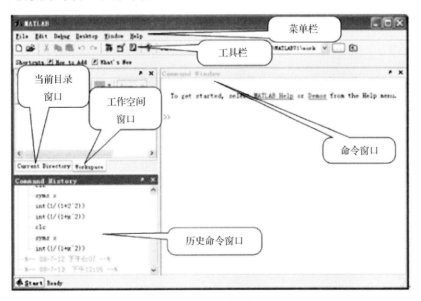

图 5.1 MATLAB 的初始工作环境

1）MATLAB 中的窗口及说明介绍

MATLAB 中的窗口及说明介绍见表 5.1。

表 5.1  MATLAB 中的窗口及说明介绍

| 窗口 | 说明 |
| --- | --- |
| 命令窗口（Command Window） | MATLAB 运行和计算的界面，符号"&gt;&gt;"的含义就是其后面可以写入程序命令，按 Enter 键，开始执行 |
| 工作空间窗口（Workspace） | 软件中所有变量名、值、尺寸、字节数等 |
| 历史命令窗口（Command History） | 可以显示曾经执行过的语句 |
| 当前目录窗口（Current Directory） | 通过鼠标操作可以看到相应类型的文件 |
| 发行说明窗口（Launch Pad） | 软件公司产品的信息说明 |

2）MATLAB 软件的菜单栏说明

MATLAB 软件的菜单栏说明见表 5.2。

表 5.2  MATLAB 软件的菜单栏说明

| 菜单 | 选项 | 使用说明 |
| --- | --- | --- |
| File | New | 可以创建一个文件 |
| | Open | 打开原来的文件 |
| | Close command window | 关命令界面 |
| | Import data | 把数据导出到工作空间 |
| | Save workspace | 保存工作空间数据 |
| | Set path | 搜索所有文件的路径 |
| | Preferences | 参数设置对话 |
| | Print | 打印 |
| | Exit MATLAB | 退出 MATLAB |
| Edit | Undo | 撤销 |
| | Redo | 恢复 |
| | Cut | 剪切 |
| | Copy | 复制 |
| | Paste | 粘贴 |
| | Paste special | 特殊粘贴 |
| | Delete | 删除 |
| | Select all | 全选 |
| | Clear command history | 清除历史命令 |
| | Clear command window | 清除命令窗口 |
| | Clear workspace | 清除工作空间 |
| View | Desktop layout | MATLAB 系统的桌面数据呈现类型 |
| Debug | | 程序调试 |
| Window | | 查看已经打开的窗口，并可在窗口间切换 |
| Help | | 单击它可以打开帮助窗口 |

## 5.2 MATLAB 常用命令

表 5.3 给出了 MATLAB 中常用的命令。

表 5.3 MATLAB 中常用的命令

| | 函数 | 说明 | | 函数 | 说明 |
|---|---|---|---|---|---|
| 管理命令和函数 | help | 在线帮助文件 | 文件和系统命令 | cd | 改变当前工作目录 |
| | doc | 装入超文本说明 | | dir | 目录列表 |
| | what | M、MAT、MEX 文件的目录列表 | | delete | 删除文件 |
| | type | 列出 M 文件 | | getenv | 获取环境变量值 |
| | lookfor | 通过 help 条目搜索关键字 | | ! | 执行 DOS*系统命令 |
| | which | 定位函数和文件 | | unix | 执行 UNIX*系统命令并返回结果 |
| | demo | 运行演示程序 | | diary | 保存 MATLAB 任务 |
| | path | 控制 MATLAB 搜索路径 | 控制命令窗口 | cedit | 设置命令行编辑 |
| 管理变量和工作空间 | who | 列出当前变量 | | clc | 清除命令窗口 |
| | whos | 列出当前变量（长表） | | home | 光标置左上角 |
| | load | 从磁盘文件中恢复变量 | | format | 设置输出格式 |
| | save | 保存工作空间变量 | | echo | 底稿文件内使用的回显命令 |
| | clear | 从内存中清除变量和函数 | | more | 在命令窗口中控制分页输出 |
| | pack | 整理工作空间内存 | 启动和退出 | quit | 退出 MATLAB |
| | size | 矩阵的尺寸 | | startup | 引用 MATLAB 时所执行的*.m 文件 |
| | length | 矢量的长度 | | matlabrc | 主启动*.m 文件 |
| | disp | 显示矩阵 | | | |

## 5.3 Simulink 简介

### 5.3.1 Simulink 概述

Simulink 为一款功能特别强大的系统模型搭建、运算和进行相关学科研究的工具，MATLAB 环境下的 Simulink 模块可以形成图形化输出曲线，同时它可以与其他系统对接，对复杂系统实现混合建模，对于单一具体的子系统，可以方便地生成模块并将其放到系统模块库中供其调用。

采用计算机来模拟被研究的对象。在研究分析之前，模拟是基于物理对象或物理模型的，即物理模拟。

仿真模型建立大致过程如下。

利用数学方程抽象出系统模型，进行运算规则的选用，编写或输入相应模块并在计算机中运行，启动系统，进行模型的自动运算，然后按照当前运算结果调整完善数学模型。

作为 Simulink 基础应用，下面用简单仿真界面说明一下，如图 5.2 所示为 Simulink 输出的变频余弦函数。

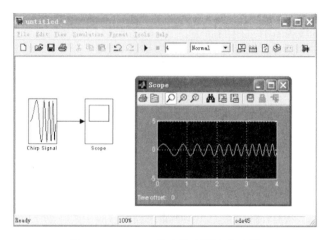

图 5.2　Simulink 输出的变频余弦函数

现代系统都比较复杂，Simulink 能够将复杂系统简单抽象为可控的数学模型，建立更真实的系统模型，例如，建立区域电网模型模拟奥运会场供电及突发故障的分析、模拟瘟疫病毒的生长规律、进行载人航天飞船的舱体设计等。

## 5.3.2　Simulink 简单操作

**1. Simulink 运行**

想要开始运行 Simulink，选择 MATLAB 的命令窗口，输入 Simulink 命令，或者单击主界面上的 图标，就可以开始运行模块了。界面直接转入 Simulink 模块库浏览器窗口，如图 5.3 所示。

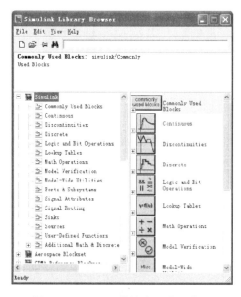

图 5.3　Simulink 模块库浏览器窗口

在打开的浏览器中，左下方的树形图即为 Simulink 模块组，用户根据自己的专业要求均能在树形图内找到所需的 Simulink 模块组。

下面介绍一下 Simulink 通用基础模块库中的主要模块及其功能。

**2．Simulink 菜单介绍**

Simulink 菜单操作的名称及功能见表 5.4。

表 5.4　Simulink 菜单操作的名称及功能

| 菜　单　名 | 菜　单　项 | 功　　能 |
| --- | --- | --- |
| File | New→Model | 新建模型 |
| | Model properties | 模型属性 |
| | Preferences | Simulink 界面的默认设置选项 |
| | Print… | 打印模型 |
| | Close | 关闭当前 Simulink 窗口 |
| | Exit MATLAB | 退出 MATLAB 系统 |
| Edit | Create subsystem | 创建子系统 |
| | Mask subsystem… | 封装子系统 |
| | Look under mask | 查看封装子系统的内部结构 |
| | Update diagram | 更新模型框图的外观 |
| View | Go to parent | 显示当前系统的父系统 |
| | Model browser options | 模型浏览器设置 |
| | Block data tips options | 鼠标位于模块上方时显示模块内部数据 |
| | Library browser | 显示库浏览器 |
| | Fit system to view | 自动选择最合适的显示比例 |
| | Normal | 以正常比例（100%）显示模型 |
| Simulation | Start /Stop | 启动/停止仿真 |
| | Pause /Continue | 暂停/继续仿真 |
| | Simulation Parameters … | 设置仿真参数 |
| | Normal | 普通 Simulink 模型 |
| | Accelerator | 产生加速 Simulink 模型 |
| Format | Text alignment | 标注文字对齐工具 |
| | Flip name | 反转模块名 |
| | Show /Hide name | 显示/隐藏模块名 |
| | Flip block | 翻转模块 |
| | Rotate block | 旋转模块 |
| | Library link display | 显示库连接 |
| | Show /Hide drop shadow | 显示/隐藏阴影效果 |
| | Sample time colors | 设置不同的采样时间序列的颜色 |
| | Wide nonsalar lines | 粗线表示多信号构成的矢量信号线 |

| 菜 单 名 | 菜 单 项 | 功 能 |
|---|---|---|
| Format | Signal dimensions | 注明矢量信号线的信号数 |
| | Port data types | 标明端口数据的类型 |
| | Storage class | 显示存储类型 |
| Tools | Data explorer… | 数据浏览器 |
| | Simulink debugger… | Simulink 调试器 |
| | Data class designer | 用户定义数据类型 |
| | Linear Analysis | 线性化分析工具 |

**3．Simulink 模型库中的模块**

Simulink 模型库中包含了大量的描述系统特性的典型环节，主要包括连续系统模块库（Continuous）、非连续系统模块库（Discontinuous）、离散系统模块库（Discrete）、逻辑和位操作库（Logic and Bit Operations）、查找表（Lookup Table）、数学运算（Math Operations）、模型验证（Model Verification）、模型推广（Model.Wide Utilities）、端口和子系统模块（Ports & Subsystems）、信号特征（Signal Attributes）、信号路径（Signal Routing）、接收模块库（Sinks）、信号源模块库（Source）、用户自定义函数库（User.Defined Functions）等。另外，Simulink 模型库中还含有许多特定的学科仿真工具箱。

## 5.3.3　SimPowerSystems 工具箱

在 Simulink 中特别设计了电力系统模块库（SimPowerSystems），这样就为包括电气专业在内的大多数工科建模提供了可选模块，建模效率就会很高。电力系统模块库如图 5.4 所示。

图 5.4　电力系统模块库

**1．电源模块库（Electrical Sources）**

它主要包含电路、电力系统中常用的各种理想电源及可编程电源等，如直流电压源（DC Voltage Source）、交流电压源（AC Voltage Source）、交流电流源（AC Current Source）、受控电压源（Controlled Voltage Source）、受控电流源（Controlled Current Source）和三相电源（Three-Phase Source）等。

## 2. 电气元件库（Elements）

电气元件库中提供了各种线性和非线性元件，主要包括串并联支路元件（Elements）、输配电线路元件（Lines）、断路器元件（Circuit Breakers）、各种类型的变压器元件（Transformers）等。

## 3. 电机模块库（Machines）

电机模块库包括以下几种电机：同步电机（Synchronous Machine）、异步电机（Asynchronous Machine）、永磁式同步电机（Permanent Magnet Synchronous Machine）和直流电机（DC Machine）等。

## 4. 电力电子模块库（Power Electronics）

电力电子模块库提供了各种电力电子器件及其附属电路，主要包括电力二极管（Diode）、晶闸管（Thyristor）、理想开关（Ideal Switch）和电力场效应管（Mosfet）等。

## 5. 测量模块库（Measurements）

测量模块库提供了对系统中各种信号进行测量输出的功能模块，但一般情况下这些模块要与显示模块配合使用，主要包括电流测量模块（Current Measurement）、电压测量模块（Voltage Measurement）、阻抗测量模块（Impedance Measurement）、万用表（Multimeter）和三相电流电压测量模块（Three-Phase V-I Measurement）等。

### 5.3.4 Simulink 运行

单击 Simulation→Configuration Parameters，出现仿真变量设定窗口，如图 5.5 所示。

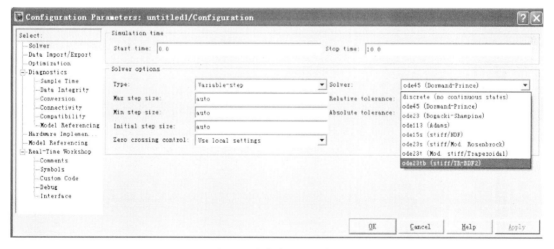

图 5.5 仿真变量设定窗口

### 1. Solver（求解器）

它可以用来限定仿真的起始和完成时刻、求解方法的设定和求解精度。

## 2．Data Import/Export（数据导入/导出）

其作用是实现 Simulink 和 MATLAB 工作空间交换数据，数据导入/导出参数的设置如图 5.6 所示。

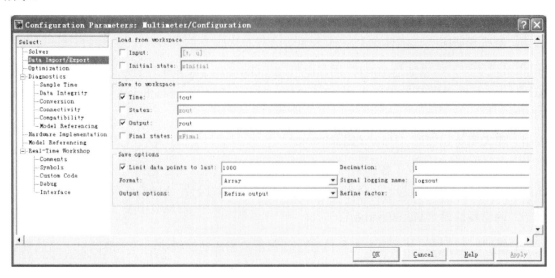

图 5.6　数据导入/导出参数的设置

## 3．Diagnostics（诊断）

这个选项可以用来处理一些非正常事件的出现，仿真异常诊断设置如图 5.7 所示。

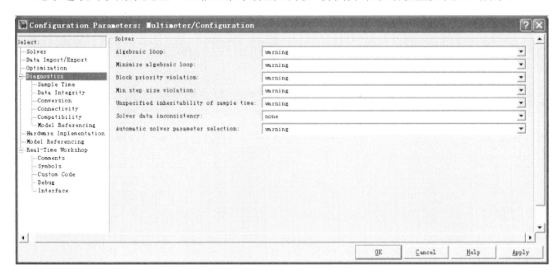

图 5.7　仿真异常诊断设置

## 4．观察 Simulink 的仿真结果

单击 ▶ 按钮开始仿真，仿真完成后观察仿真输出。

## 5.4 MATLAB 简单仿真算例

电力系统主要研究发电、变电、输电、配电、用电等一系列过程，在研究电力模型时，如果单靠物理模型会使建模的投资变得巨大，利用 Simulink 可以在工程研发的初级阶段建模，进行方案的论证和运动规律的分析，从而大大简化工程的工作量。从事电力电子产品设计、开发的工作人员，经常需要对所设计的电路进行计算机模拟与仿真计算，以优化参数与配置，其作用就是看一下设计的硬件电路能否符合预期目标，或者调节参数使系统效果最优。以下主要应用 MATLAB 的 Simulink 对电力电子器件整流和电力系统输电线路自动重合闸的过程进行仿真。

下面通过一个由二极管组成的三相整流电路说明 Simulink 建模和仿真的基本流程。

具体步骤如下。

（1）打开 Simulink 界面，将各种需要的器件拖到模型建立区并进行连接，在其中建立如图 5.8 所示的三相整流仿真模型。

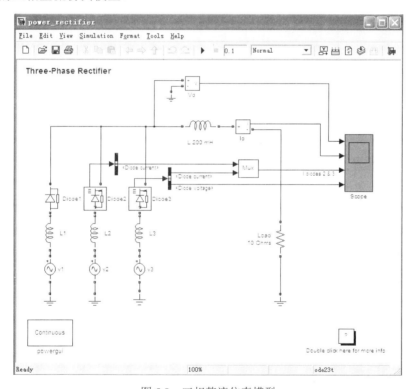

图 5.8 三相整流仿真模型

（2）双击各器件，设定其参数。如图 5.9 所示是三相电源模块 v1 的设置，每个电源电压有效值为 120V，感抗为 5mH，相位互差 120°，频率为 60Hz。$L_1$、$L_2$ 和 $L_3$ 的参数设置如图 5.10 所示。

1 号二极管不带测量模块参数设置如图 5.11 所示。2 号和 3 号二极管带测量模块参数设置如图 5.12 所示。

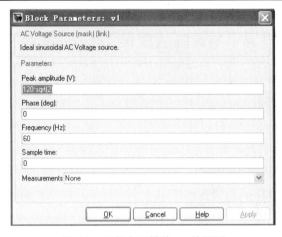

图 5.9　三相电源模块 v1 的设置

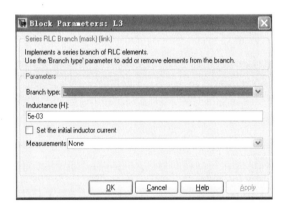

图 5.10　$L_1$、$L_2$ 和 $L_3$ 的参数设置

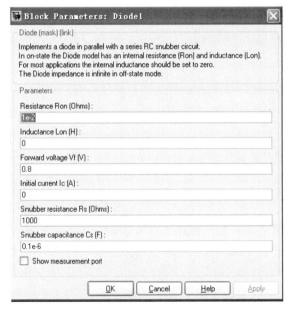

图 5.11　1 号二极管不带测量模块参数设置

图 5.12  2 号和 3 号二极管带测量模块参数设置

电感 $L$ 参数设置如图 5.13 所示。

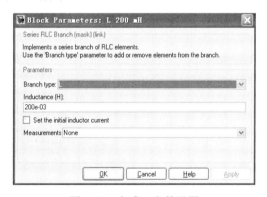

图 5.13  电感 $L$ 参数设置

负载电阻 $R$ 数值给定如图 5.14 所示。

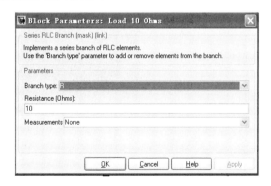

图 5.14  负载电阻 $R$ 数值给定

（3）设置仿真参数。单击 Simulation→Configuration Parameters，出现仿真变量设定窗口，在求解器选项（Solver options）中选择 Variable-step 和 ode23tb 算法，Relative tolerance 设置为 0.001，其他为默认设置，仿真时间为 0.1s。

（4）运行模型并观察仿真结果。连续系统仿真结果如图 5.15 所示。

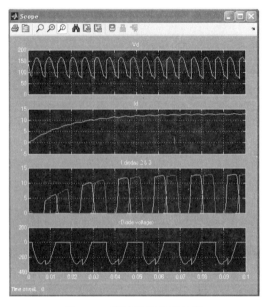

图 5.15　连续系统仿真结果

（5）用离散系统仿真。双击模型中的 powergui，弹出如图 5.16 所示的离散模型设置对话框，选择离散模型。离散模型仿真结果如图 5.17 所示。

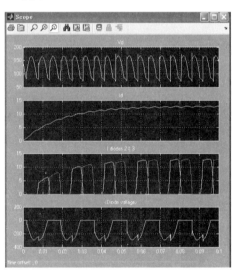

图 5.16　离散模型设置对话框　　　　图 5.17　离散模型仿真结果

## 5.5　电动机模型的绘制及仿真设置

### 5.5.1　Ansoft 电动机仿真启动

在计算机中成功安装 Maxwell Ansoft 软件后，双击快捷图标 ，就可以启动软件了，弹出如图 5.18 所示的新建工程文件界面。单击新建图标 □，新建一个工程文件，就可以进行模型的建立了。

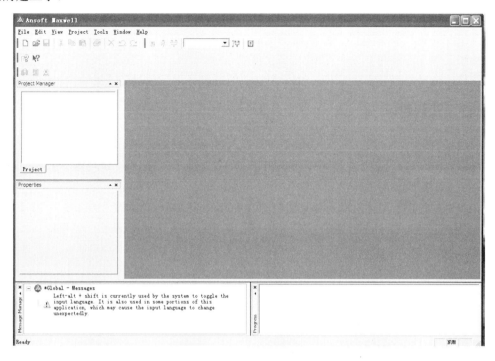

图 5.18 新建工程文件界面

如图 5.19 所示为建立好的 Maxwell Ansoft 运行界面中的一个电动机模型。

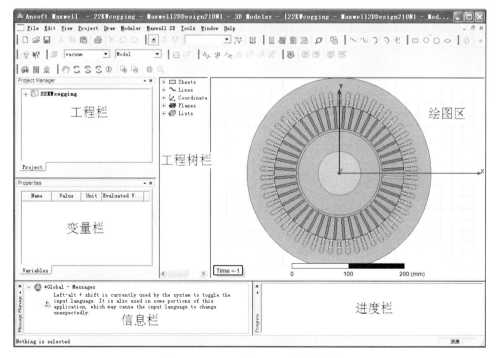

图 5.19 Maxwell Ansoft 运行界面

图 5.19 中，左上方是工程栏，它可以管理一个工程文件的不同部分或者几个工程文件。左侧中间是变量栏，该部分主要显示绘制模型的属性，同时在此可以修改模型属性。中间区域是工程树栏，这部分可以编辑工程模型的各个组成、各部分材料设定。右上区域是绘图区，用户可以在此编辑绘制仿真模型，仿真结束后，可以在此显示处理后的结果，比如场图、云图或磁密曲线等。左侧下部是信息栏，在此可以显示仿真进度、错误信息或者警告等内容。右侧下部是进度栏，在仿真过程中，有一条红色的进度条显示仿真进度。

### 5.5.2 具体建模过程

现在通过建立一个永磁电动机模型并对其进行静态磁场仿真来说明 Ansoft 如何使用。

永磁直流电动机额定功率为 26W，额定电压为 12V，定子外径为 52mm，定子内径为 40mm，极对数为 1，磁极厚度为 2mm，转子外径为 38mm，转子内径为 10mm，电枢冲片槽数为 10。

（1）双击快捷图标 ，就可以启动软件，单击新建按钮，然后在 Project 下拉菜单中选择 Insert Maxwell 2D Design，弹出如图 5.20 所示的电动机模型绘制界面。系统默认求解类型为 Magnetostatic。

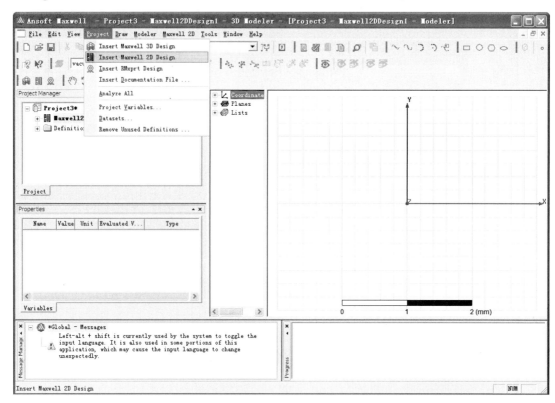

图 5.20 电动机模型绘制界面

（2）在绘图区建立定子模型。单击图标，选择模型中心坐标。在软件界面的右下角坐标输入处输入（0，0，0）即 ，然后回车确定。在坐标区继续输入（26，0，0）回车确定，这样就生成了如图 5.21 所示的直径为 52mm 的电动机定子圆平面。

# 第 5 章 电动机 MATLAB 和 Ansoft 仿真基础

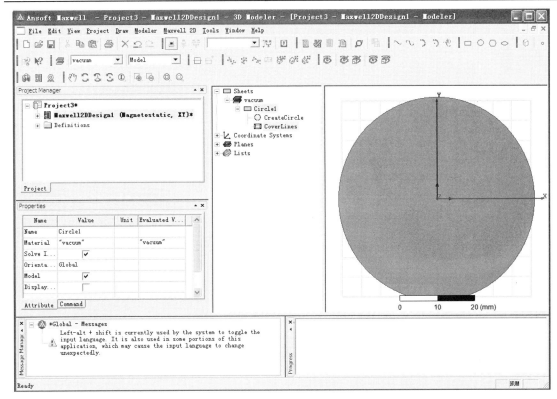

图 5.21 电动机定子圆平面

（3）按照上述步骤建立直径为 40mm 的圆平面。选中所画的模型，依次选择 Edit→Boolean→Subtract…，两个圆界面的减法操作生成对话框如图 5.22 所示。这样操作后，会弹出如图 5.23 所示的布尔操作减法运算界面，单击 OK 按钮，完成布尔操作，电动机的定子铁芯模型就完成了，如图 5.24 所示为生成的定子铁芯模型。

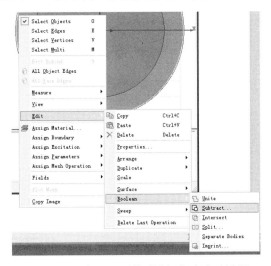

图 5.22 两个圆界面的减法操作生成对话框

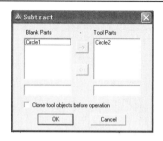

图 5.23 布尔操作减法运算界面

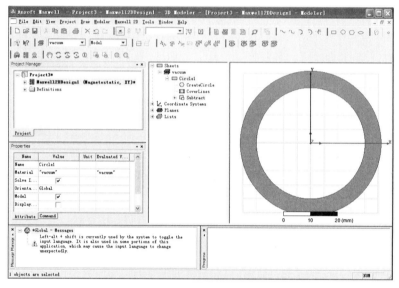

图 5.24 生成的定子铁芯模型

（4）永磁体模型的建立。单击工具栏上的绘制弧线按钮，即 ，圆心选定（0，0，0），坐标系选择 Cylindrical 即 。输入（0，0，0），拖动鼠标绘制如图 5.25 所示的永磁体圆弧。然后选中所画直线，打开下拉菜单，依次选择 Edit→Duplicate→Around Axis…，进行圆弧的旋转，如图 5.26 所示。在接下来弹出的对话框中按照图 5.27 所示完成圆弧的复制，就生成关于 X 轴对称的两条曲线。按照上述方法绘制半径为 20mm 的两条曲线，如图 5.28 所示完成圆弧的生成。再按照图 5.29 所示完成永磁体面四条线模型。

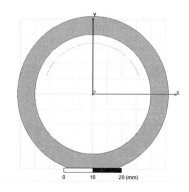

图 5.25 绘制永磁体圆弧

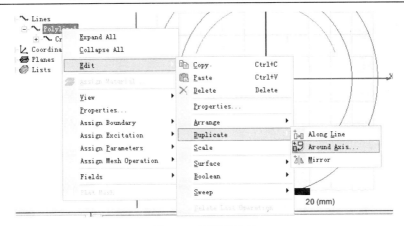

图 5.26 圆弧的旋转

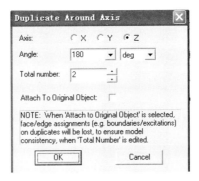

图 5.27 圆弧的复制

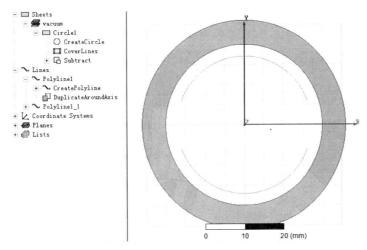

图 5.28 圆弧的生成

（5）封闭生成的四条曲线。选中上部这四条线模型，进行整体连接操作。接着将刚生成的 Unite 模型生成面模型，如图 5.30 所示。上部永磁体模型生成，如图 5.31 所示。同理，按照上述方法也可以将下部的永磁体生成面模型。如图 5.32 所示是整个永磁体模型生成的电动机模型。

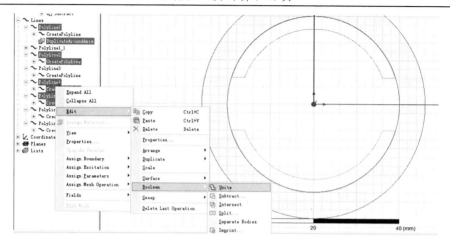

图 5.29 永磁体面四条线模型

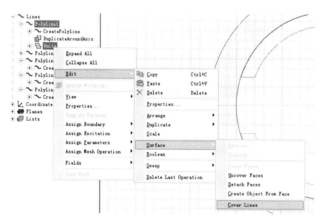

图 5.30 永磁体生成面模型

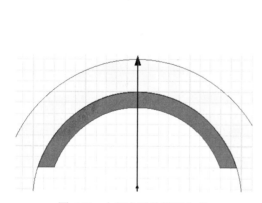
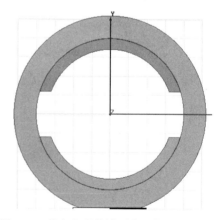

图 5.31 上部永磁体模型生成　　　　图 5.32 整个永磁体模型生成的电动机模型

（6）电动机转子模型的建立。可以采用上述方法进行转子模型的绘制。此处采用 Ansoft 软件自带的 RMxprt 调用操作，利用 RMxprt 简便建立电动机转子模型，如图 5.33 所示。转子具体参数设置对话框如图 5.34 所示。在建好的一个转子模型槽中，画出转子绕组模型，然后通过旋转、复制操作，在其他槽中生成绕组。最后生成的永磁直流电动机结构模型如图 5.35 所示。

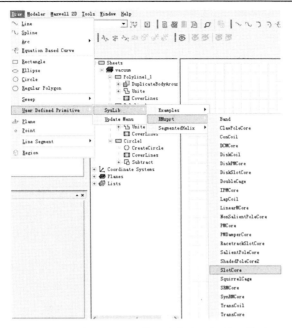

图 5.33 利用 RMxprt 简便建立电动机转子模型

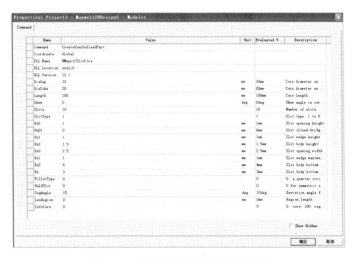

图 5.34 转子具体参数设置对话框

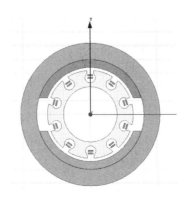

图 5.35 永磁直流电动机结构模型

### 5.5.3 材料属性与管理

（1）定子铁芯材料选择。电动机定、转子模型建立以后，所有的材料软件默认为"vacuum"，为了模拟仿真，必须对各部件的材料进行设置。具体方法为选中需要更改的部件，右击，在弹出的快捷菜单中选择 Edit→Properties…进行铁芯材料设定，如图 5.36 所示。

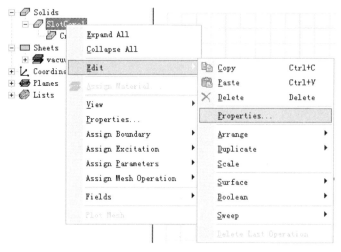

图 5.36　铁芯材料设定

选中定子铁芯，右击，在弹出的快捷菜单中选择 Assign Material…，如图 5.37 所示，进行定子铁芯材料属性更改，弹出如图 5.38 所示材料设置界面。

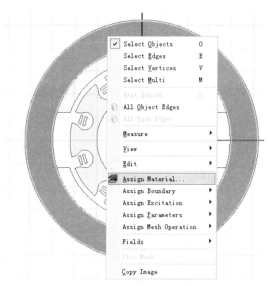

图 5.37　定子铁芯材料属性更改

单击 ADD Material…按钮，在弹出界面 Material Name 文本框中输入 DW_50，然后在相对磁导率中将 Type 选择为非线性 Nonlinear，单击 BH Curve…弹出材料的 B-H 属性参数设置对话框，如图 5.39 所示。在数据栏添加材料的 B-H 属性参数，单击 OK 按钮完成设置。

## 第 5 章　电动机 MATLAB 和 Ansoft 仿真基础

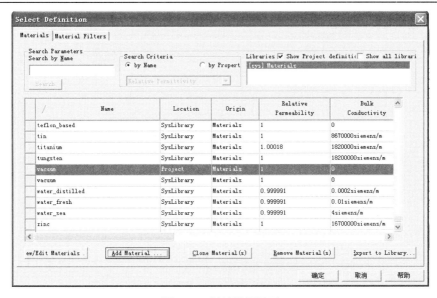

图 5.38　材料设置界面

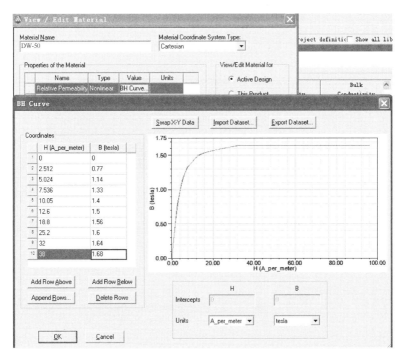

图 5.39　材料的 B-H 属性参数设置对话框

（2）添加永磁体材料，界面如图 5.40 所示。永磁体命名为 PM，选择下方的 Permanent Magnet…，弹出如图 5.41 所示的永磁体材料设置界面。具体设置如图 5.41 所示。单击 OK 按钮，弹出如图 5.42 所示的永磁体材料充磁方向界面，选择径向充磁方向，R Component 的数值设为"-1"；将另一个永磁体材料也进行材料赋值，R Component 的数值设为"1"，这样就形成了两个极性相反的永磁磁极。

# 104  电动机及其计算机仿真

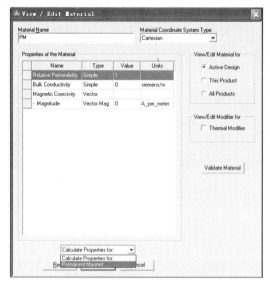

图 5.40  添加永磁体材料界面

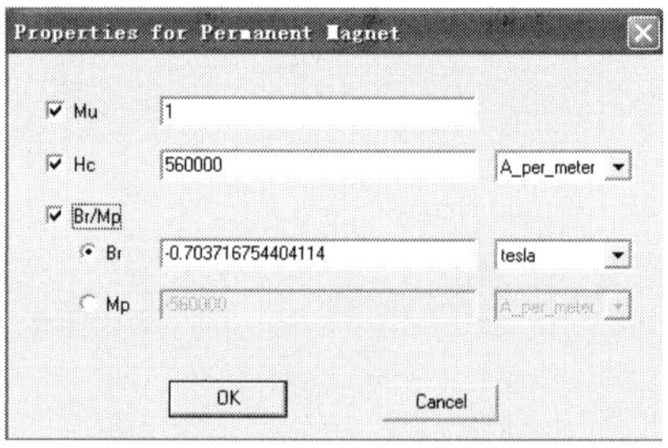

图 5.41  永磁体材料设置界面

图 5.42  永磁体材料充磁方向界面

（3）电枢绕组材料选择。转子绕组材料赋值设置如图 5.43 所示。转子铁芯材料定义和定子铁芯材料一样，为 DW_50。最后生成一个能包住整个电动机的 Band，即真空求解区域。至此，整个永磁电动机模型绘制结束。材料属性定义后永磁直流电动机模型如图 5.44 所示。

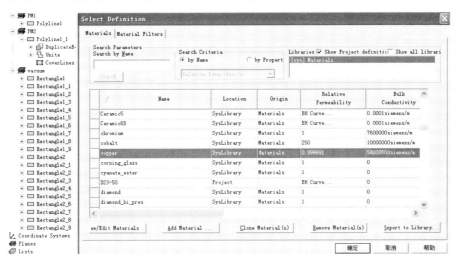

图 5.43　转子绕组材料赋值设置

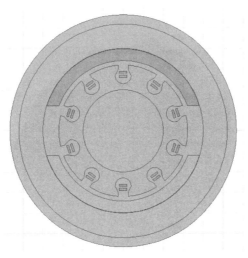

图 5.44　材料属性定义后永磁直流电动机模型

## 5.5.4　边界条件和激励源设置

由于仿真的是静态磁场，所以只需要设置平行边界条件。具体方法为，单击鼠标右键选择 Select Edges，再选择 Stator 的外缘，选择 Assign Boundary→Vector Potential…，如图 5.45 所示，进行电动机求解边界设置，平行边界对话框如图 5.46 所示。静态磁场的激励源在这里只有永磁体，其磁性能已经在材料赋值中完成。

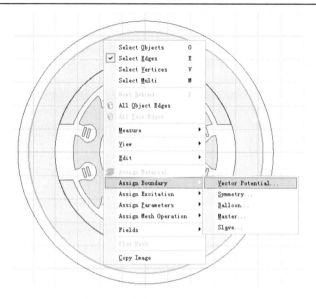

图 5.45　电动机求解边界设置

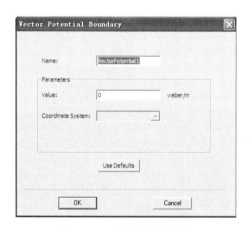

图 5.46　平行边界对话框

## 5.5.5　网格剖分和求解

仿真软件可以通过自适应剖分得到需要精度的运算结果。具体步骤为：

（1）网格剖分。选择全模型，在 Mesh Operations 处右击，选择 Assign Mesh Operation→Inside Selection→Length Based…，如图 5.47 所示，进行网格剖分选择。在弹出的参数设置对话框中输入参数，剖分参数设置对话框如图 5.48 所示。这里将最大长度设置为 2mm，单击 OK 按钮完成。

（2）求解的残差设置。求解残差设置如图 5.49 所示，选择后会出现如图 5.50 所示的求解参数设置界面。图 5.50（a）所示为 General 参数设置，它是求解运算所需要的最大收敛步数，在此设为 10。图 5.50（b）所示为 Convergence 参数设置，它是求解运算网格剖分比，此处选为 30，最小计算步数选为 2，最小收敛步数在此设为 1。图 5.50（c）所示为 Solver 参数设置，它是非线性残差，取默认值 0.0001。

## 第 5 章  电动机 MATLAB 和 Ansoft 仿真基础

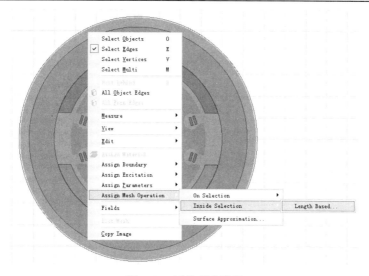

图 5.47  网格剖分选择

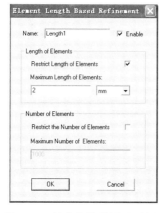

图 5.48  剖分参数设置对话框

图 5.49  求解残差设置

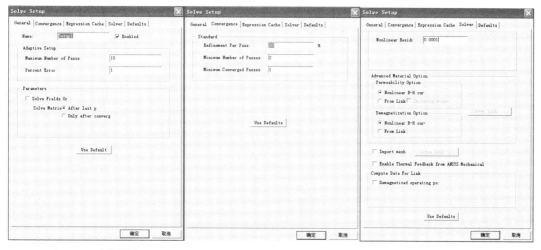

（a）General 参数设置     （b）Convergence 参数设置     （c）Solver 参数设置

图 5.50  求解参数设置界面

（3）模型自检查与分析计算。单击工具栏中的"√"，弹出自检对话框，如图 5.51 所示。自检通过后，就可以单击"！"进行仿真运算，求解进度显示栏显示仿真进度，如图 5.52 所示。

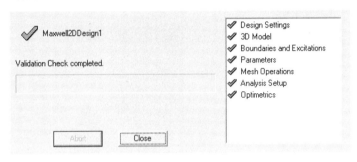

图 5.51　自检对话框

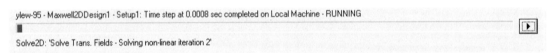

图 5.52　求解进度显示栏

# 第 6 章  电动机 Ansoft 有限元仿真

## 6.1  三相感应电动机的仿真分析

在 Ansoft 仿真软件中，可以像前面章节所述那样，手动画出各种结构电动机的模型，但是画图过程比较烦琐。当然，Ansoft 软件支持将其他软件生成的图形一键导入，例如，可以在 AutoCAD 中画出电动机模型，再将画好的模型导入 Ansoft 软件中。如果利用 Ansoft 仿真软件自带的 RMxprt 模块直接或者经过修改来生成电动机模型，则这种方法就简洁多了。本章说明如何采用 RMxprt 来生成电动机的模型，进而在静态和动态场中进行电磁场的计算。

### 6.1.1  电动机几何模型创建

（1）RMxprt 项目的生成。在 RMxprt 电动机分析环境中，首先建立电动机的定、转子整体仿真模型，然后在此基础上进行电动机电磁性能参数仿真。单击工具栏上的图标 ，生成一个 RMxprt 项目，再单击图标 ，出现如图 6.1 所示的在 RMxprt 分析环境中选择电动机类型对话框。先选择比较简单的三相交流感应异步电动机，然后单击 OK 按钮，完成三相异步电动机结构类型的选择。

图 6.1  在 RMxprt 分析环境中选择电动机类型对话框

（2）双击 Machine，会弹出如图 6.2 所示的 Machine 参数设置对话框。输入相应的损耗和额定转速等电动机性能参数。

（3）双击 Stator，会弹出如图 6.3 所示的 Stator 铁芯基本参数设置对话框。输入相应的定子铁芯基本参数。

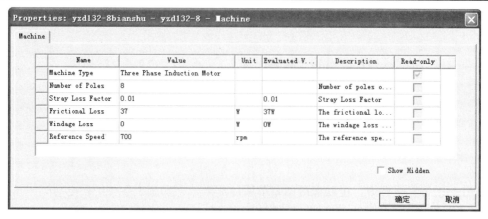

图 6.2　Machine 参数设置对话框

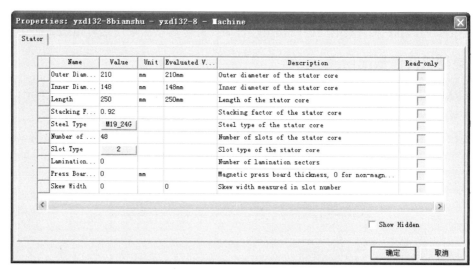

图 6.3　Stator 铁芯基本参数设置对话框

（4）双击定子 Slot，会弹出如图 6.4 所示的定子 Slot 槽型尺寸参数设置对话框。输入相应的定子槽型几何尺寸参数。

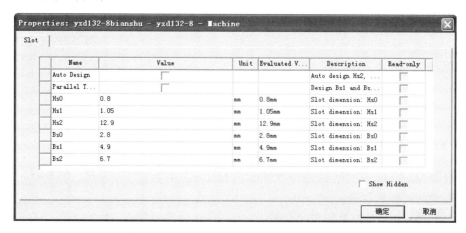

图 6.4　定子 Slot 槽型尺寸参数设置对话框

# 第6章 电动机 Ansoft 有限元仿真

（5）双击定子 Winding，会弹出如图 6.5 所示的定子绕组参数设置对话框。输入相应的定子绕组参数。

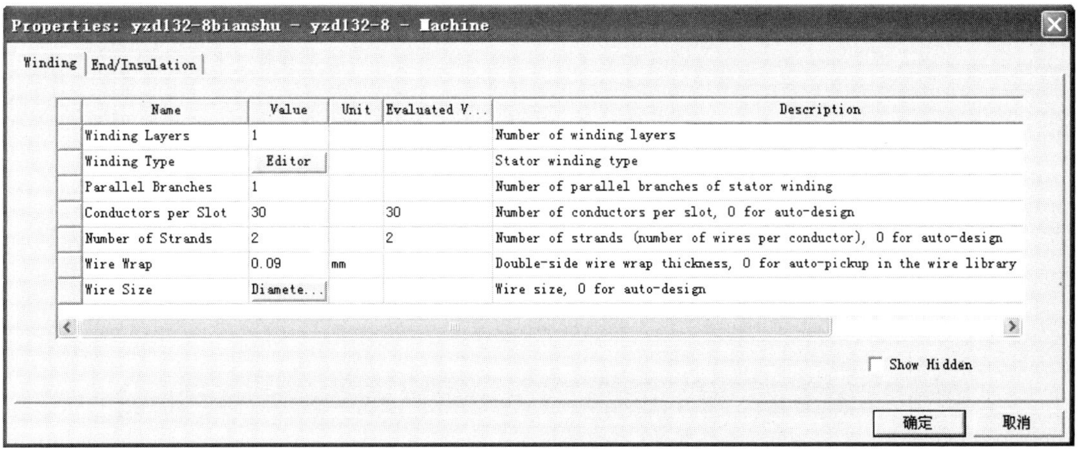

图 6.5 定子绕组参数设置对话框

（6）双击 Rotor，会弹出如图 6.6 所示的转子铁芯基本参数设置对话框。输入相应的转子铁芯基本参数。

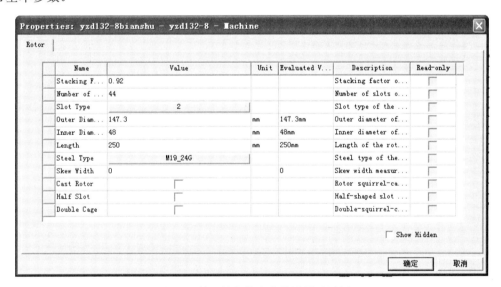

图 6.6 转子铁芯基本参数设置对话框

（7）双击转子 Slot，会弹出如图 6.7 所示的转子 Slot 槽型尺寸参数设置对话框。输入相应的转子槽型几何尺寸参数。

（8）双击转子 Winding，会弹出如图 6.8 所示的转子绕组参数设置对话框。输入相应的转子绕组参数。

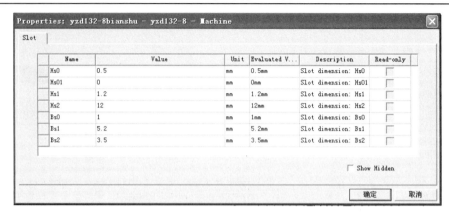

图 6.7 转子 Slot 槽型尺寸参数设置对话框

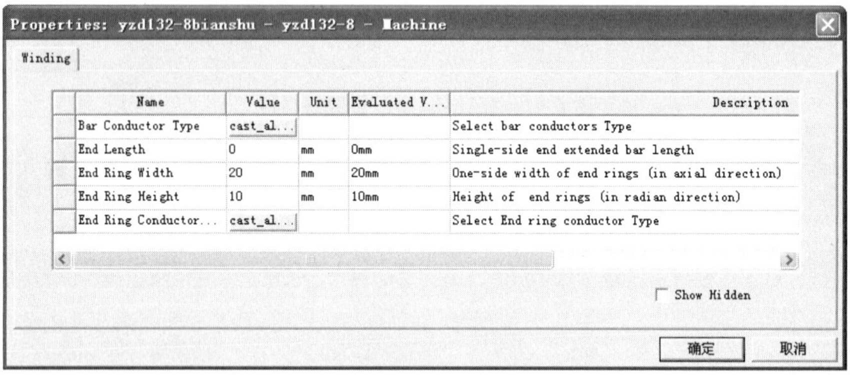

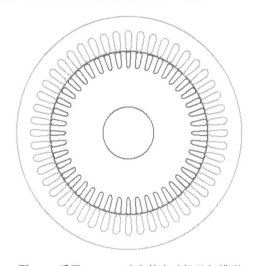

图 6.8 转子绕组参数设置对话框

至此，采用 RMxprt 建立的电动机几何模型如图 6.9 所示。

图 6.9 采用 RMxprt 建立的电动机几何模型

（9）双击 Analysis，会弹出如图 6.10 所示的 Analysis 电动机仿真参数设置对话框。输入电动机仿真的基本参数。电动机的额定功率为 3.7kW，极对数为 4，转速为 700r/min，三相电压源电压为 380V，频率为 50Hz。

# 第 6 章 电动机 Ansoft 有限元仿真

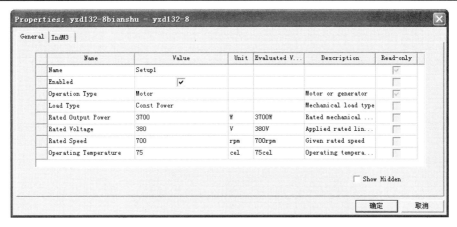

图 6.10  Analysis 电动机仿真参数设置对话框

进行模型的检测，模型检测界面如图 6.11 所示。

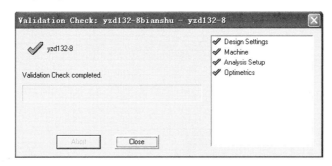

图 6.11  模型检测界面

如图 6.12 所示，进行一键生成电动机的二维几何模型操作，即可一键生成电动机的二维几何模型。

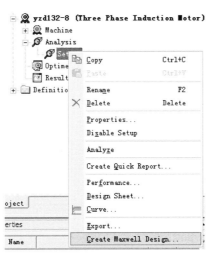

图 6.12  一键生成电动机的二维几何模型操作

图 6.13 所示即为本例一键生成的电动机二维有限元模型，由于电动机具有对称性，所以只需对电动机的四分之一模型进行分析求解。这样可以减少计算耗费的时间。

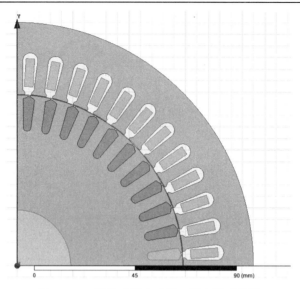

图 6.13  一键生成的电动机二维有限元模型

以上建立的模型，软件会将材料属性、激励源及运动的设置自动添加完成，研究人员可以根据需要选择手动添加或者对生成的模型进行一定的修改。从上述分析来看，利用 Ansoft 仿真软件自带的 RMxprt 模块和一键导入功能，可以大大节省研究人员的建模和仿真时间。

## 6.1.2  电动机仿真参数设置

选择 Model 目录下的 MotionSetup，双击，弹出如图 6.14 所示的电动机运行设置对话框，输入仿真时的相应参数。特别说明，这些参数是在电动机模型分析计算时软件自动计算的结果。

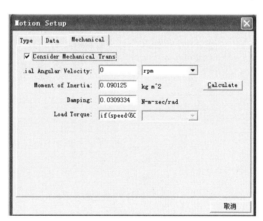

图 6.14  电动机运行设置对话框

同时按下 Ctrl+A 键选择模型窗口中的电动机模型，在 Field Overlays 上右击，在弹出的快捷菜单中选择 Fields→A→Flux_Lines 命令，如图 6.15 所示，进行磁场磁力线操作。随后在弹出的如图 6.16 所示的磁场磁力线绘制对话框中，选择物理量 Quantity 中的 Flux_Lines，在 In Volume 中选择 AllObjects，操作后电动机运行磁力线分布如图 6.17 所示。

# 第 6 章 电动机 Ansoft 有限元仿真

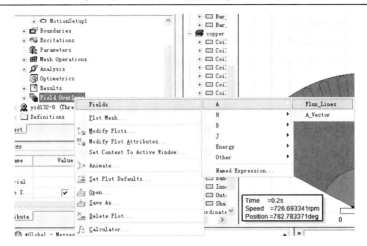

图 6.15 磁场磁力线操作

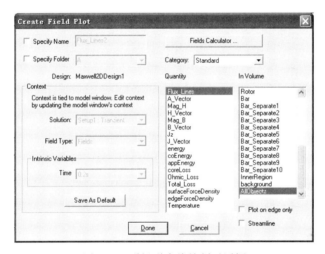

图 6.16 磁场磁力线绘制对话框

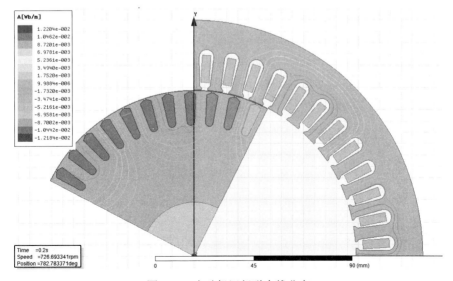

图 6.17 电动机运行磁力线分布

### 6.1.3 仿真结果及分析

在电动机模型窗口 Results 上右击,在弹出的快捷菜单中选择 Create Transient Report→Rectangular Plot 命令,如图 6.18 所示,进行电动机运行瞬态变化曲线设置。随后在弹出的如图 6.19 所示的电动机运行转矩曲线生成对话框中,选择物理量 Category 中的 Torque,单击 New Report 按钮,生成的电动机运行转矩变化曲线如图 6.20 所示。按照上述步骤,依次选择 Category 中的 Speed 和 Winding,就会生成电动机运行转速变化曲线和电动机运行定子电流变化曲线,分别如图 6.21 和图 6.22 所示。

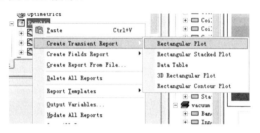

图 6.18　电动机运行瞬态变化曲线设置

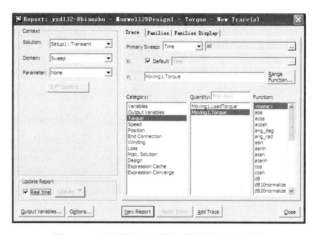

图 6.19　电动机运行转矩曲线生成对话框

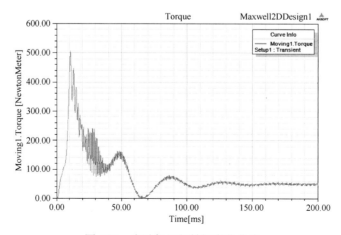

图 6.20　电动机运行转矩变化曲线

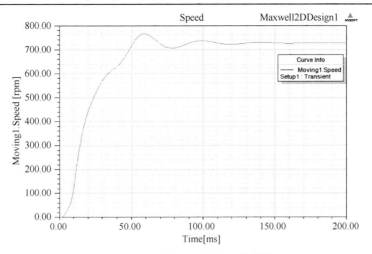

图 6.21 电动机运行转速变化曲线

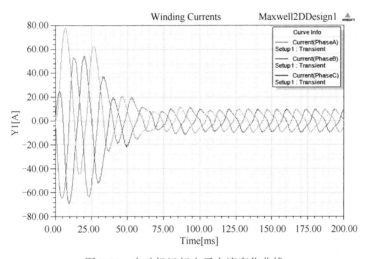

图 6.22 电动机运行定子电流变化曲线

从图 6.20 可以看出,在仿真进行到 160ms 左右时,电动机的电磁转矩与负载转矩平衡,大约为 22N·m,此时的转速和定子电流也基本稳定,转速稳定在 720r/min 左右,定子电流三相对称,最大值约为 10A。

## 6.2 永磁无刷直流电动机的仿真分析

### 6.2.1 电动机几何模型创建

(1) RMxprt 项目的生成。在 RMxprt 分析环境中,单击工具栏上的图标 ,生成一个 RMxprt 项目,再单击图标 ,出现如图 6.23 所示的在 RMxprt 分析环境中选择电动机类型对话框。先选择永磁无刷直流电动机,然后单击 OK 按钮,完成永磁无刷直流电动机结构类型的选择。

图 6.23　在 RMxprt 分析环境中选择电动机类型对话框

（2）双击 Machine，会弹出如图 6.24 所示的 Machine 参数设置对话框。输入相应的损耗和额定转速等电动机性能参数。

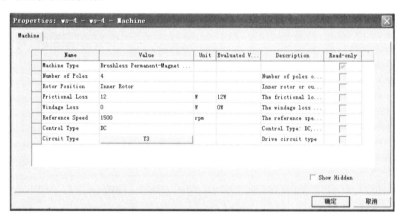

图 6.24　Machine 参数设置对话框

（3）双击 Machine 目录下的 Circuit，会弹出如图 6.25 所示的电动机定子电路参数设置对话框。输入相应的定子电路参数。

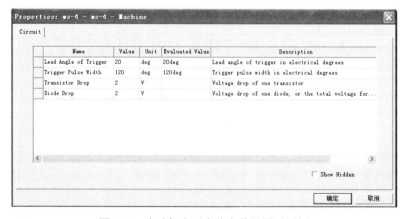

图 6.25　电动机定子电路参数设置对话框

（4）双击 Stator，会弹出如图 6.26 所示的 Stator 铁芯基本参数设置对话框。输入相应的定子铁芯基本参数。

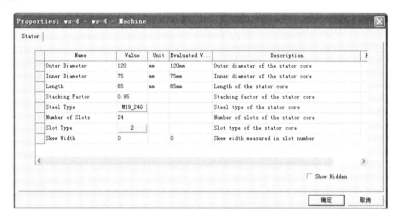

图 6.26　Stator 铁芯基本参数设置对话框

（5）双击 Slot，会弹出如图 6.27 所示的定子 Slot 槽型尺寸参数设置对话框。输入相应的定子槽型几何尺寸参数。

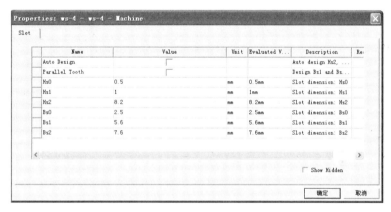

图 6.27　定子 Slot 槽型尺寸参数设置对话框

（6）双击定子 Winding，会弹出如图 6.28 所示的 Winding 定子绕组参数设置对话框。输入相应的定子绕组参数。

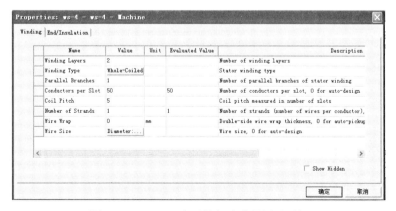

图 6.28　Winding 定子绕组参数设置对话框

（7）双击 Rotor，会弹出如图 6.29 所示的 Rotor 铁芯基本参数设置对话框。输入相应的转子铁芯基本参数。

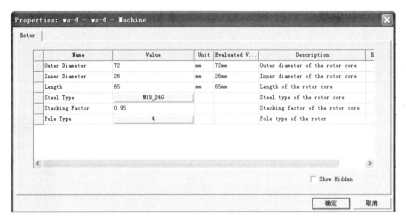

图 6.29　Rotor 铁芯基本参数设置对话框

（8）双击转子目录下的 Pole，会弹出如图 6.30 所示的转子 Slot 磁极参数设置对话框。输入相应的转子磁极参数。

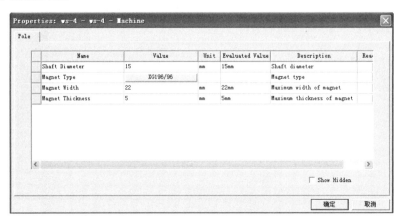

图 6.30　转子 Slot 磁极参数设置对话框

至此，采用 RMxprt 建立的永磁无刷直流电动机的几何模型如图 6.31 所示。

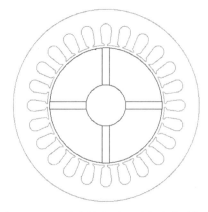

图 6.31　采用 RMxprt 建立的永磁无刷直流电动机的几何模型

（9）双击 Analysis，会弹出如图 6.32 所示的 Analysis 电动机仿真参数设置对话框。输入电动机仿真的基本参数。永磁无刷直流电动机的额定功率为 550W，极对数为 4，额定转速为 1500r/min，三相电压源电压为 220V，频率为 50Hz。

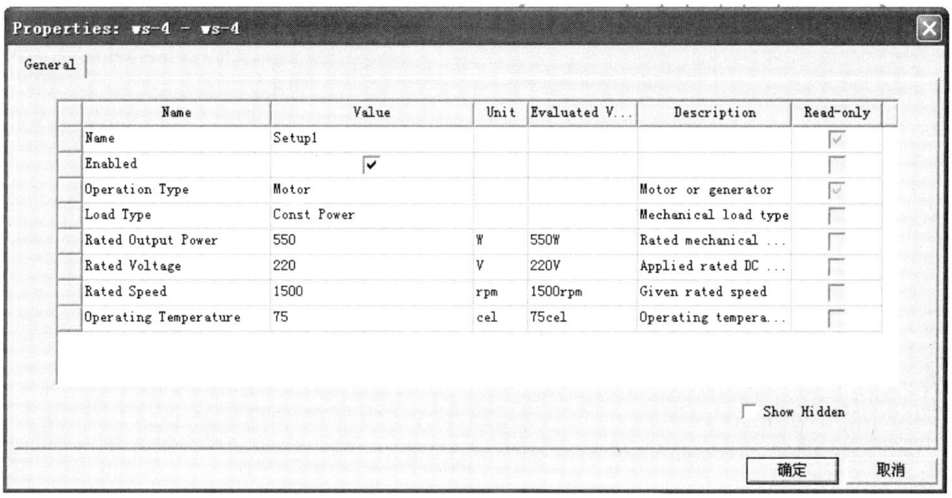

Properties: ws-4 - ws-4
General
Name | Value | Unit | Evaluated V... | Description | Read-only
Name | Setup1
Enabled
Operation Type | Motor | Motor or generator
Load Type | Const Power | Mechanical load type
Rated Output Power | 550 | W | 550W | Rated mechanical ...
Rated Voltage | 220 | V | 220V | Applied rated DC ...
Rated Speed | 1500 | rpm | 1500rpm | Given rated speed
Operating Temperature | 75 | cel | 75cel | Operating tempera...
Show Hidden
确定
取消

图 6.32　Analysis 电动机仿真参数设置对话框

模型检测后，进行一键生成电动机的二维几何模型操作，如图 6.33 所示，即可一键生成电动机的二维几何模型。

ws-4 (Brushless Permanent-Magnet DC Mot
Machine
Analysis
Setup
Optimetr
Results
Definitions
Copy Ctrl+C
Paste Ctrl+V
Rename F2
Delete Delete
Properties...
Disable Setup
Analyze
Create Quick Report...
Performance...
Design Sheet...
Curve...
Export...
Create Maxwell Design...
Setup1
Motor
Const Powe

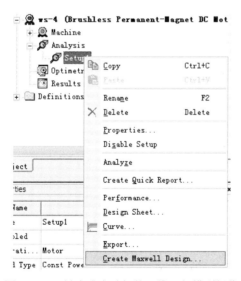

图 6.33　一键生成电动机的二维几何模型操作

图 6.34 所示即为本例一键生成的电动机二维模型，由于电动机具有对称性，所以只需对电动机的四分之一模型进行分析求解。这样可以减少计算耗费的时间。

以上建立的模型，软件会将材料属性、激励源及运动的设置自动添加完成，研究人员可以根据需要选择手动添加或者对生成的模型进行一定的修改。从上述分析来看，利用 Ansoft 仿真软件自带的 RMxprt 模块和一键导入功能，可以大大节省研究人员的建模和仿真时间。

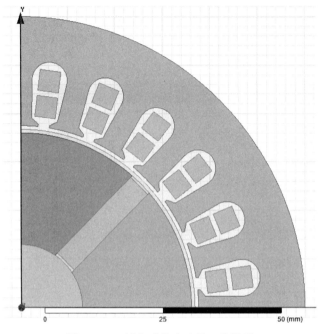

图 6.34 一键生成的电动机二维模型

## 6.2.2 电动机仿真参数设置

选择 Model 目录下的 MotionSetup，双击 MotionSetup，弹出如图 6.35 所示的电动机运行设置对话框。具体参数如图所示。

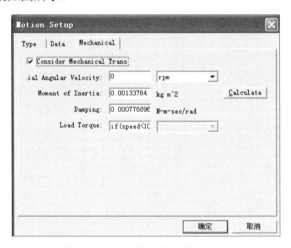

图 6.35 电动机运行设置对话框

同时按下 Ctrl+A 键选择模型窗口中的电动机模型，在 Field Overlays 上右击，在弹出的快捷菜单中选择 Fields→A→Flux_Lines 命令，如图 6.36 所示，进行磁场磁力线操作。随后在弹出的如图 6.37 所示的磁场磁力线绘制对话框中，选择物理量 Quantity 中的 Flux_Lines，在 In Volume 中选择 AllObjects，操作后电动机运行磁力线分布如图 6.38 所示。

## 第 6 章 电动机 Ansoft 有限元仿真

图 6.36 磁场磁力线操作

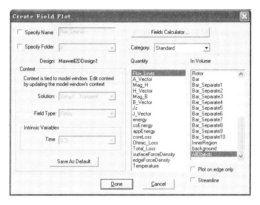

图 6.37 磁场磁力线绘制对话框

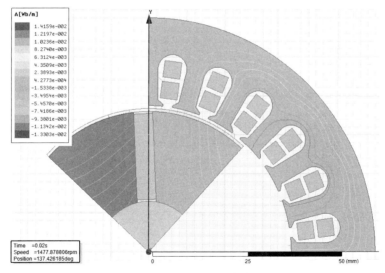

图 6.38 电动机运行磁力线分布

### 6.2.3 仿真结果及分析

在电动机模型窗口 Results 上右击,在弹出的快捷菜单中选择 Create Transient Report→Rectangular Plot 命令。随后在弹出的对话框中,选择物理量 Category 中的 Torque,单击 New

Report 按钮,生成的电动机运行转矩变化曲线如图 6.39 所示。按照上述步骤,依次选择 Category 中的 Speed 和 Winding,就会生成电动机运行速度变化曲线和电动机运行定子电流变化曲线,分别如图 6.40 和图 6.41 所示。

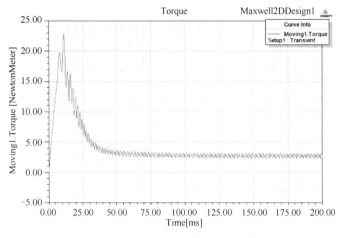

图 6.39　电动机运行转矩变化曲线

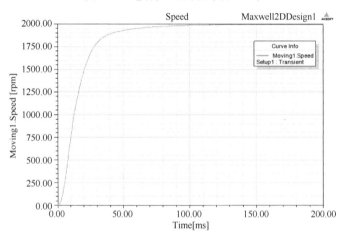

图 6.40　电动机运行速度变化曲线

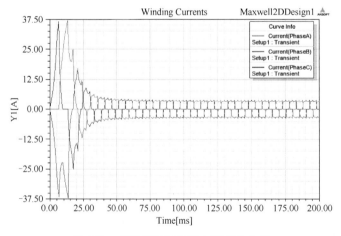

图 6.41　电动机运行定子电流变化曲线

从图 6.39 可以看出，在仿真进行到 75ms 左右时，电动机的电磁转矩与负载转矩平衡，大约为 3.5N·m；从图 6.40 可以看出，100ms 左右时转速基本稳定，75ms 左右时定子电流基本稳定，转速稳定在 2000r/min 左右；从图 6.41 可以看出，定子电流三相对称，最大值约为 2.7A。

## 6.3 永磁同步电动机齿槽转矩有限元仿真

### 6.3.1 永磁同步电动机本体构建

本例用 6 极 54 槽永磁同步电动机作为模型,利用 Ansoft 有限元仿真软件研究转子齿宽参数对齿槽转矩的影响。仿真的永磁同步电动机额定功率为 22kW，额定电压为 380 V，额定转速为 1000r/min，永久磁铁由 Nd-Fe-B 组成，驱动电源是直流电源。永磁同步电动机尺寸参数如表 6.1 所示。

表 6.1 永磁同步电动机尺寸参数

| 电动机参数 | 数　值 | 电动机参数 | 数　值 |
| --- | --- | --- | --- |
| 定子外径（mm） | 327 | 永磁体每极宽度（mm） | 124 |
| 定子内径（mm） | 230 | 永磁体轴向长度（mm） | 220 |
| 转子内径（mm） | 90 | 永磁体厚度（mm） | 6 |
| 极对数 | 6 | 永磁体剩磁（T） | 1.01 |
| 定子槽数 | 54 | 矫顽力（kA/m） | 890 |
| 转子槽数 | 42 | 铁芯厚度（mm） | 220 |

RMxprt 永磁同步电动机定子基本参数设置对话框如图 6.42 所示。

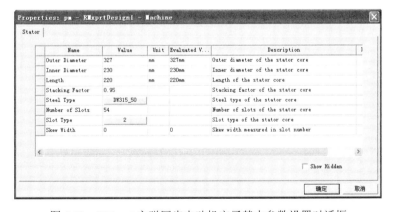

图 6.42 RMxprt 永磁同步电动机定子基本参数设置对话框

RMxprt 永磁同步电动机定子槽参数设置对话框如图 6.43 所示。

Properties: pm - RMxprtDesign1 - Machine

Slot

| Name | Value | Unit | Evaluated V... | Description | Read-only |
|---|---|---|---|---|---|
| Auto Design | ☐ | | | Auto design Hs2, ... | ☐ |
| Parallel T... | ☐ | | | Design Bs1 and Bs... | ☐ |
| Hs0 | 0.8 | mm | 0.8mm | Slot dimension: Hs0 | ☐ |
| Hs1 | 0.3 | mm | 0.3mm | Slot dimension: Hs1 | ☐ |
| Hs2 | 20.2 | mm | 20.2mm | Slot dimension: Hs2 | ☐ |
| Bs0 | 3.5 | mm | 3.5mm | Slot dimension: Bs0 | ☐ |
| Bs1 | 5.8 | mm | 5.8mm | Slot dimension: Bs1 | ☐ |
| Bs2 | 8 | mm | 8mm | Slot dimension: Bs2 | ☐ |

☐ Show Hidden

确定 取消

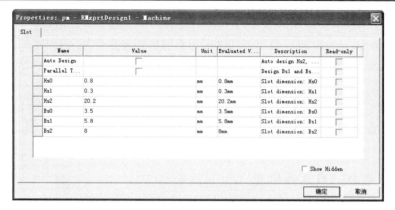

图 6.43 RMxprt 永磁同步电动机定子槽参数设置对话框

RMxprt 永磁同步电动机定子绕组参数设置对话框如图 6.44 所示。

Properties: pm - RMxprtDesign1 - Machine

Winding | End/Insulation

| Name | Value | Unit | Evaluated V... | Descripti... |
|---|---|---|---|---|
| Winding Layers | 1 | | | Number of winding layers |
| Winding Type | Whole-Coiled | | | Stator winding type |
| Parallel Branches | 1 | | | Number of parallel branches of stator winding |
| Conductors per Slot | 0 | | 0 | Number of conductors per slot, 0 for auto-desig |
| Number of Strands | 0 | | 0 | Number of strands (number of wires per conducto |
| Wire Wrap | 0 | mm | | Double-side wire wrap thickness, 0 for auto-pic |
| Wire Size | Diameter: 0mm | | | Wire size, 0 for auto-design |

☐ Show Hidden

确定 取消

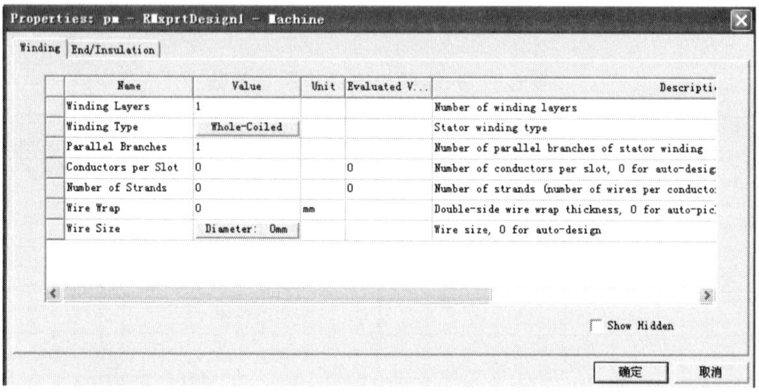

图 6.44 RMxprt 永磁同步电动机定子绕组参数设置对话框

RMxprt 生成电动机定子模型如图 6.45 所示。

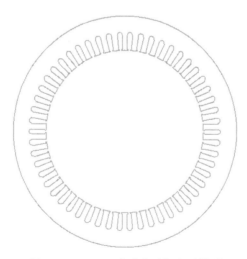

图 6.45 RMxprt 生成电动机定子模型

RMxprt 永磁同步电动机转子基本参数设置对话框如图 6.46 所示。

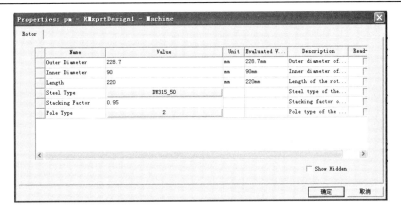

图 6.46 RMxprt 永磁同步电动机转子基本参数设置对话框

RMxprt 永磁同步电动机转子磁极参数设置对话框如图 6.47 所示。

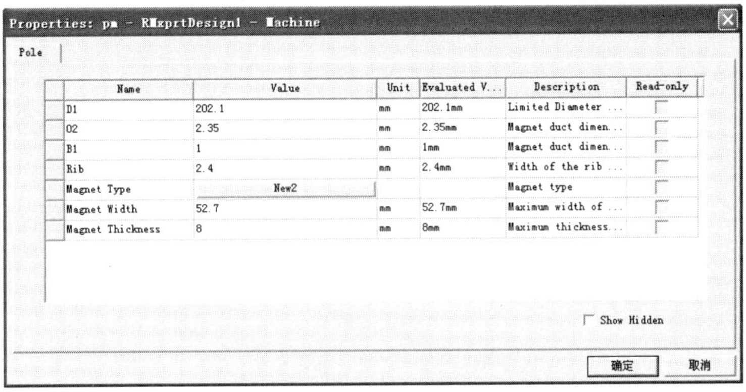

图 6.47 RMxprt 永磁同步电动机转子磁极参数设置对话框

RMxprt 永磁同步电动机转子绕组参数设置对话框如图 6.48 所示。

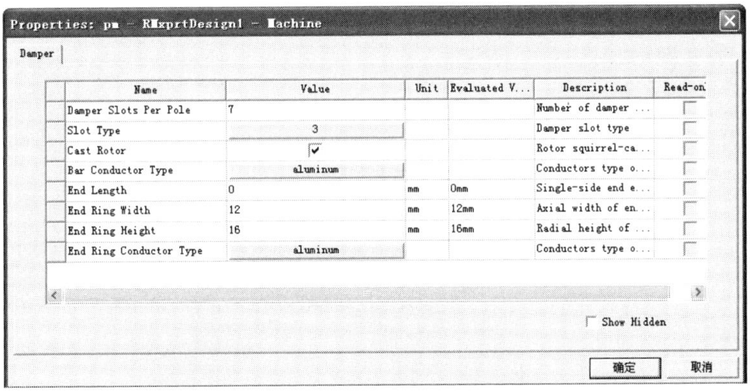

图 6.48 RMxprt 永磁同步电动机转子绕组参数设置对话框

RMxprt 生成转子有限元模型如图 6.49 所示。

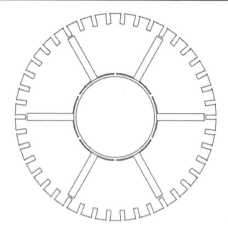

图 6.49 RMxprt 生成转子有限元模型

切向转子结构永磁同步电动机 RMxprt 仿真模型如图 6.50 所示。

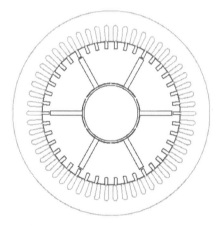

图 6.50 切向转子结构永磁同步电动机 RMxprt 仿真模型

Maxwell2D 仿真模型如图 6.51 所示。

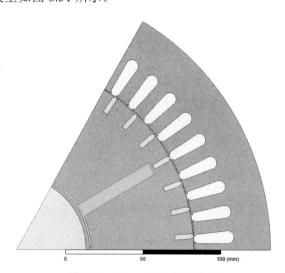

图 6.51 Maxwell2D 仿真模型

## 6.3.2 齿槽转矩仿真参数设置

图 6.52 所示为齿槽转矩求解时间的确定，这里设定仿真结束时间为 25s。图 6.53 所示为转子旋转速度的设定，这里设定仿真角速度为 0.1r/min。图 6.54 所示为齿槽转矩曲线的设置。

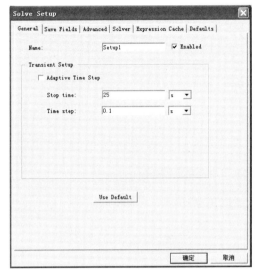

图 6.52 齿槽转矩求解时间的确定

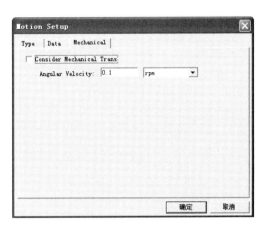

图 6.53 转子旋转速度的设定

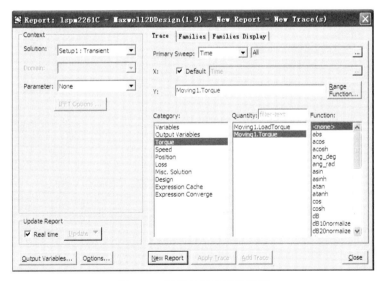

图 6.54 齿槽转矩曲线的设置

## 6.3.3 仿真结果及分析

当转子槽口宽为 1.5mm 时，切向转子永磁同步电动机齿槽转矩仿真变化曲线如图 6.55 所示。

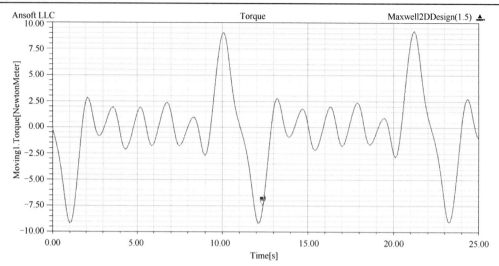

图 6.55　转子槽口宽为 1.5mm 时切向转子永磁同步电动机齿槽转矩仿真变化曲线

当转子槽口宽为 4.0mm 时，切向转子永磁同步电动机齿槽转矩仿真变化曲线如图 6.56 所示。

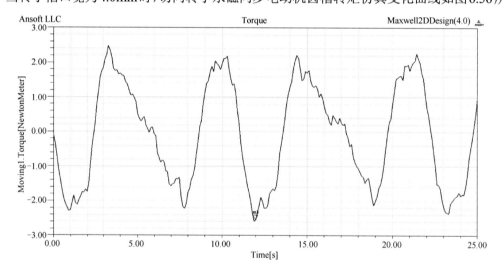

图 6.56　转子槽口宽为 4.0mm 时切向转子永磁同步电动机齿槽转矩仿真变化曲线

W 形转子结构永磁同步电动机 Ansoft 仿真模型如图 6.57 所示。

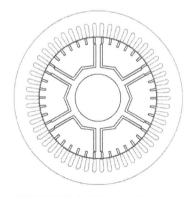

图 6.57　W 形转子结构永磁同步电动机 Ansoft 仿真模型

当转子槽口宽为 1.5mm 时，W 形转子永磁同步电动机齿槽转矩仿真变化曲线如图 6.58 所示。

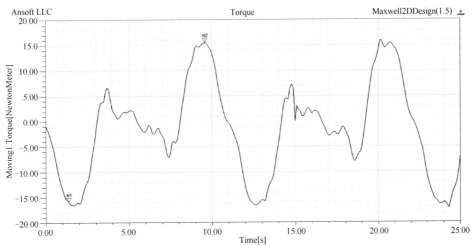

图 6.58　转子槽口宽为 1.5mm 时 W 形转子永磁同步电动机齿槽转矩仿真变化曲线

当转子槽口宽为 4.0mm 时，W 形转子永磁同步电动机齿槽转矩仿真变化曲线如图 6.59 所示。

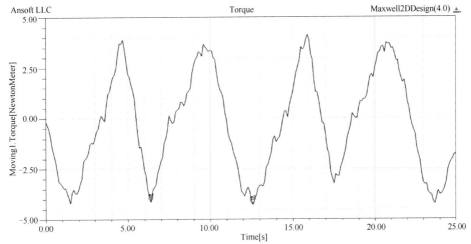

图 6.59　转子槽口宽为 1.5mm 时 W 形转子永磁同步电动机齿槽转矩仿真变化曲线

对于切向转子槽电动机，$Q_2 = 42$，$t_0/t_2 = 0.911$，根据解析分析取 $t_0/t_2 = 7/9$，仿真曲线如图 6.55 和图 6.56 所示。可知，切向转子结构电动机的齿槽转矩峰值由 7.8N·m 降低到 2.5N·m，W 形转子结构电动机的齿槽转矩峰值从 16N·m 降低到 2.7N·m，齿槽振动转矩变化趋势在减小。

仿真比较结果表明，随转子槽口宽度与转子齿距的比值递减，齿槽转矩也在减小。

从以上仿真结果可以看出，转子槽宽度与转子齿距之比的优化可以减小齿槽转矩的幅值。选择合适的转子齿宽（$T_w$）和转子齿距（$T_p$），齿槽转矩将明显下降。另外，还可以采用磁性槽楔法更改槽口的宽度。然而，磁性槽楔块材料导热性能不是很好，齿槽转矩的减小是有限的。闭口槽方法使槽口宽度变为零。因此，与采用磁性槽楔相比，采用闭口槽方法可以更有效地降低齿槽转矩。

# 第7章 电动机 MATLAB 数值仿真

## 7.1 三绕组变压器仿真

### 7.1.1 三绕组变压器带负载模型的建立

变压器额定参数：视在功率为 75kVA，额定电压为 14400/120/120V。三绕组变压器仿真模型如图 7.1 所示。变压器接有三个负载，其中负载 1 和负载 2 的额定电压均为 120V，额定功率为 20kW，视在功率为 10kvar；负载 3 的额定电压为 240V，额定功率为 30kW，视在功率为 20kvar。

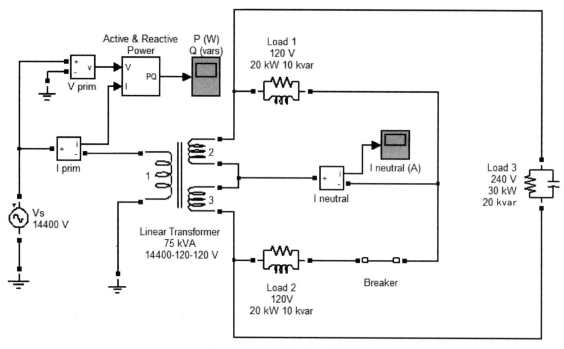

图 7.1 三绕组变压器仿真模型

### 7.1.2 仿真模块参数设置

（1）变压器额定参数的输入对话框如图 7.2 所示。

（2）图 7.1 所示负载 1 和负载 2 的额定参数设置对话框如图 7.3 所示。

（3）图 7.1 所示负载 3 的额定参数设置对话框如图 7.4 所示。

# 第 7 章 电动机 MATLAB 数值仿真

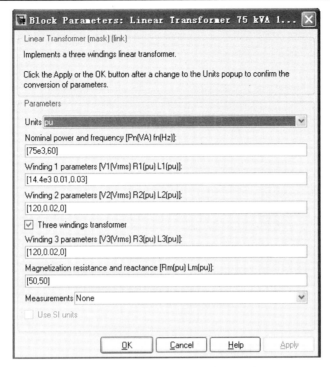

图 7.2 变压器额定参数的输入对话框

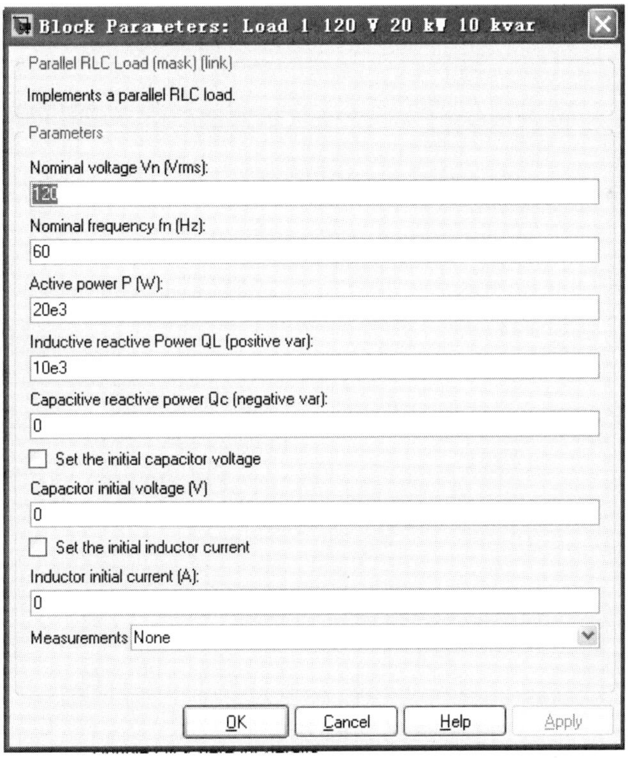

图 7.3 负载 1 和负载 2 的额定参数设置对话框

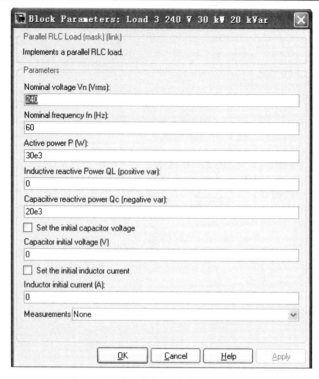

图 7.4　负载 3 的额定参数设置对话框

### 7.1.3　仿真结果及分析

首先，启动时将负载 2 切除，目的是使系统处于平衡。这时电流和电压的输出曲线稳定。

当负载稳定时，中性线电流为 0。此外，由于负载 1 和负载 2 的感应无功功率由负载 3 的容性无功功率补偿，一次侧电流与电压几乎同相，有很小的相位差是由于与变压器无功损耗相关的无功功率。打开两个示波器可以看到，当断路器断开时，由于负载不平衡，中性线的电流不为零。中性线电流曲线如图 7.5 所示，有功功率和无功功率的变化曲线如图 7.6 所示。断路器打开时，有功功率从 70 kW 降至约 50 kW。

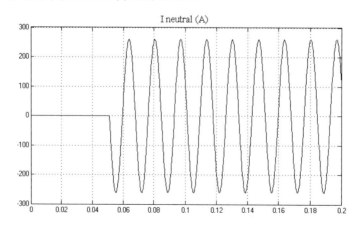

图 7.5　中性线电流曲线

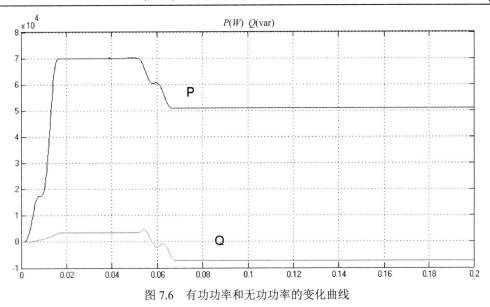

图 7.6　有功功率和无功功率的变化曲线

## 7.2　启 动 仿 真

### 7.2.1　串电阻启动建模

直流电动机一般不采用直接启动，因为直接启动会使启动过程中的电流较大。为了减小启动电流，采用定子降压启动或者电枢回路串电阻启动。不同的启动方法影响直流电动机的电磁转矩、暂态过程的时间等。以他励直流电动机为例分析电阻三级限流启动，仿真研究启动过程中的转速、电磁转矩及电枢电流暂态变化。

三级限流电阻启动指直接将额定工作电压加到电动机电枢绕组，为了能够在启动过程中始终保持足够大的启动转矩，一般随着转速的增大，将串联在电枢回路中的启动电阻 $R$ 逐级切除，进入稳态后，分别在 2.8s、4.8s 和 6.8s 切除三个限流电阻，其启动电流较小，利用 MATLAB 仿真可以直接观察其启动瞬时的暂态过程。

具体仿真参数，他励直流电动机额定电压 $U_N$=240V，额定电流 $I_N$=16.1A，额定转速 $n_N$=1220r/min，三级限流电阻分别是 $R_1$=3.66Ω、$R_2$=1.64Ω、$R_3$=0.74Ω。首先仿真电动机的空载启动过程，启动结束后，获得直流电动机直接启动电流和电磁转矩暂态过程。

他励直流电动机直接启动仿真模型如图 7.7 所示。模型中的具体参数设置见以下的模块参数对话框。

Ideal Switch 模块所在目录如图 7.8 所示，其属于分级目录 Simulink→Extra Library→Power Electronics 模块库。

直流电动机（DC Machine）模块所在目录如图 7.9 所示，其属于分级目录 Simulink→Machines 模块库。

powergui 模块所在目录如图 7.10 所示，其属于分级目录 Simulink→SimPowerSystems 模块库，放在模块顶部提供直流电动机仿真接口。

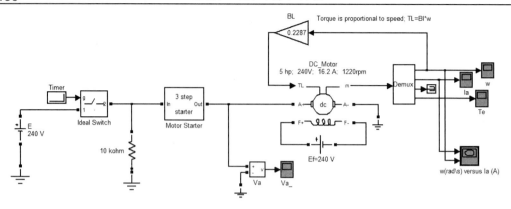

图 7.7 他励直流电动机直接启动仿真模型

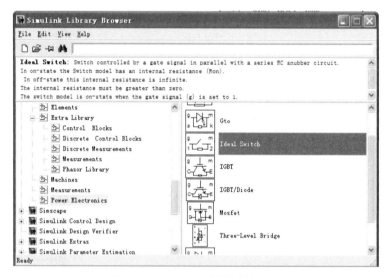

图 7.8 Ideal Switch 模块所在目录

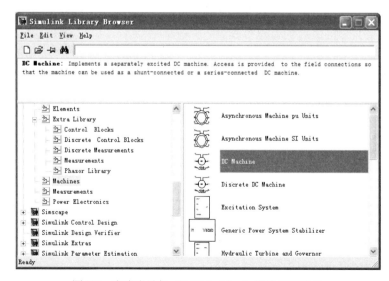

图 7.9 直流电动机（DC Machine）模块所在目录

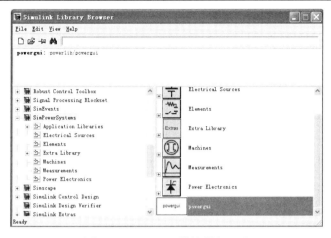

图 7.10　powergui 模块所在目录

示波器（Scope）模块所在目录如图 7.11 所示，其属于 Simulink→Sinks 模块库。时钟 CLock 模块与 To Workspace 模块将时间信号保存到工作空间以便于命令窗口（Command）输出曲线时调用。To Workspace 模块在 Simulink→Sinks 输出信号源模块中，如图 7.12 所示。

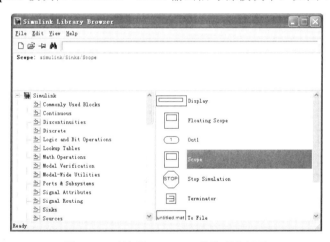

图 7.11　示波器（Scope）模块所在目录

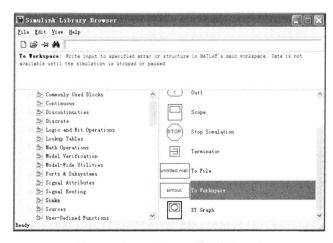

图 7.12　To Workspace 模块所在目录

阶跃信号（Step）模块主要在电动机空载运行一段时间后给电动机加负载扰动以观察其暂态过程，其属于分级目录 Simulink→Sources 模块库，如图 7.13 所示。

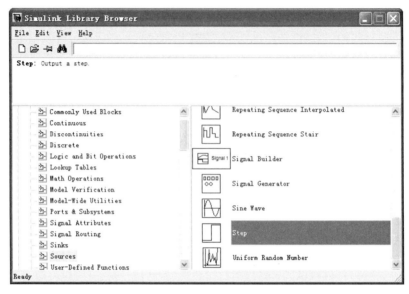

图 7.13　阶跃信号（Step）模块所在目录

## 7.2.2　仿真模块参数设置

建立好仿真模型后，用鼠标左键双击其中各个模块，就可以对参数进行设置。

（1）定时器 Timer 模块参数设置如图 7.14 所示，其中参数表示 0s 时刻的输出幅值为 0，0.5s 时刻的输出值为 1。

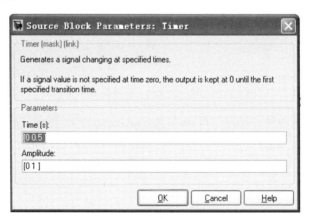

图 7.14　定时器 Timer 模块参数设置

（2）Ideal Switch 模块参数设置如图 7.15 所示，采用默认参数设置，当 Timer 计数器计数 0.5s 时，Timer 的输出信号为 1，此时，Ideal Switch 开关接收到 1，则将电压源 $E=240V$ 接通到直流电动机电枢端口。其中，Show measurement port 是测量端口控制选项，单击它会显示 m 的输出端口，这个端口可以检测电压、电流变量。当需要测出该模块端口的电压、电流信号时，可以将此端口显示出来。

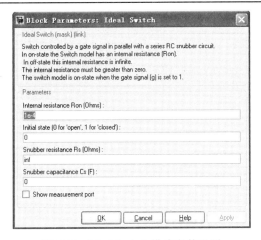

图 7.15 Ideal Switch 模块参数设置

（3）串联限流电阻模块参数设置如图 7.16 所示。

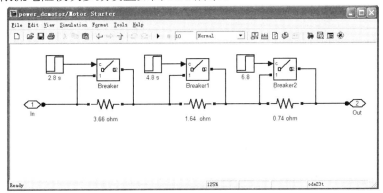

图 7.16 串联限流电阻模块参数设置

（4）直流电动机（DC Machine）模块参数设置如图 7.17 所示。

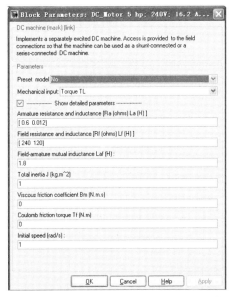

图 7.17 直流电动机（DC Machine）模块参数设置

（5）仿真参数设置。通过 Simulink/Configuration Parameters 下拉式菜单找到相应的仿真参数设置对话框，如图 7.18 所示。

图 7.18　仿真参数设置对话框

## 7.2.3　仿真结果及分析

他励直流电动机限流启动转速随时间变化，仿真结果如图 7.19（a）所示，在 $t=0.5s$ 启动时，他励直流电动机转速在 $t=7s$ 时接近额定运行转速。

他励直流电动机电磁转矩随时间变化曲线如图 7.19（b）所示，其变化过程与电枢电流变化过程相似，因为电磁转矩与电枢电流是成正比变化的一种过程。

他励直流电动机电枢电流随时间变化曲线如图 7.19（c）所示，在启动时，启动电流瞬间达到很大值，由于有限流电阻，所以启动电流得到很好的限制。

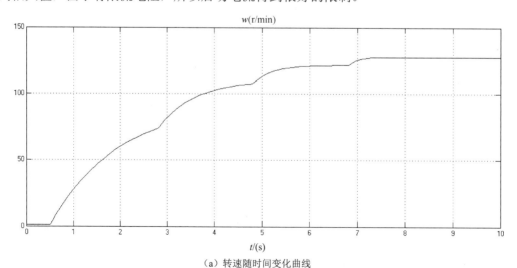

（a）转速随时间变化曲线

图 7.19　他励直流电动机限流启动仿真结果

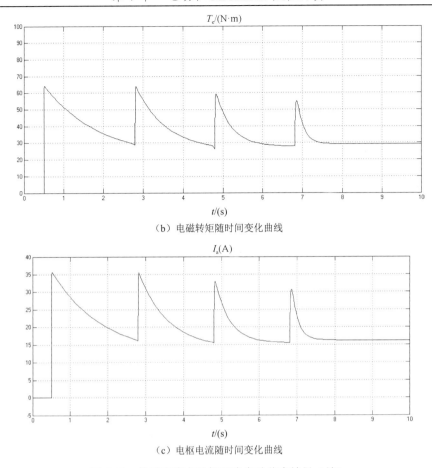

（b）电磁转矩随时间变化曲线

（c）电枢电流随时间变化曲线

图 7.19　他励直流电动机限流启动仿真结果（续）

## 7.3　交流电动机基于空间矢量 PWM 仿真

### 7.3.1　感应电动机空间矢量控制模型建立

感应电动机空间矢量控制整体模型如图 7.20 所示。该模型调用 Simulink 模块库的交流电

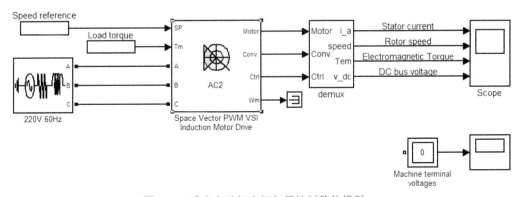

图 7.20　感应电动机空间矢量控制整体模型

动机模块。针对 2.2kW 交流电动机，建立了带有制动斩波器的 PWM 异步电动机驱动模型。感应电动机由 PWM 逆变器供电，PWM 逆变器使用通用桥块构建。速度控制器由 PI 调节器组成，PI 调节器产生滑差补偿，可以增大转子速度来满足定子电压所需要的频率。电动机驱动以惯量 $J$、摩擦系数 $B$ 和负载转矩 $T_L$ 为特征的机械负载。

### 7.3.2 仿真模块参数设置

图 7.21 所示为电源模块参数设置对话框。

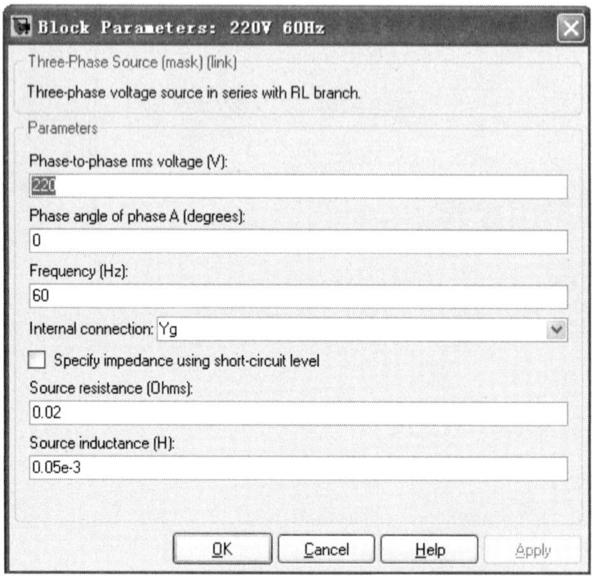

图 7.21　电源模块参数设置对话框

图 7.22 所示为速度模块参数设置对话框。

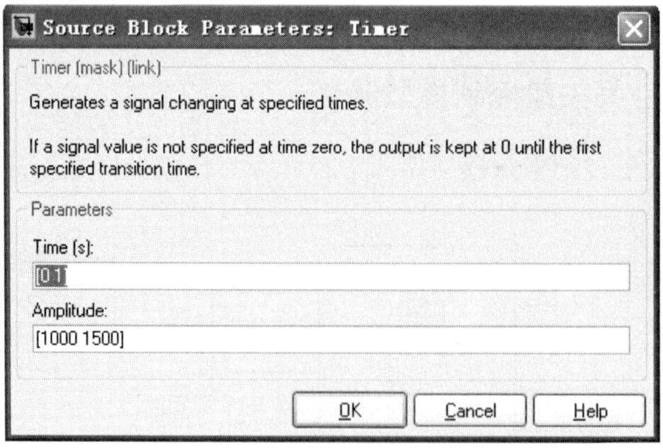

图 7.22　速度模块参数设置对话框

图 7.23 所示为负载转矩参数设置对话框。
图 7.24 所示为感应电动机空间矢量控制电动机参数设置对话框。

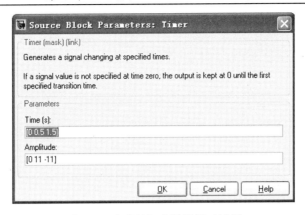

图 7.23 负载转矩参数设置对话框

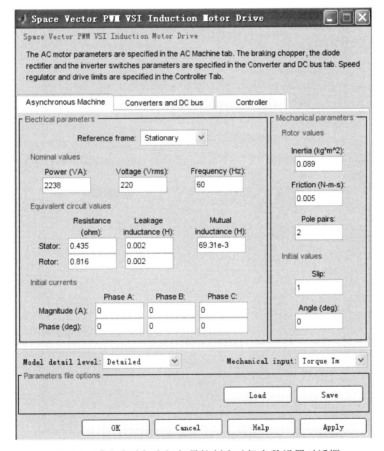

图 7.24 感应电动机空间矢量控制电动机参数设置对话框

图 7.25 所示为感应电动机空间矢量控制变换器和直流母线参数设置对话框。

图 7.26 所示为感应电动机空间矢量控制器参数设置对话框。

图 7.27 所示为感应电动机空间矢量控制器算法。

图 7.28 所示为感应电动机空间矢量控制 Demux 模块结构。

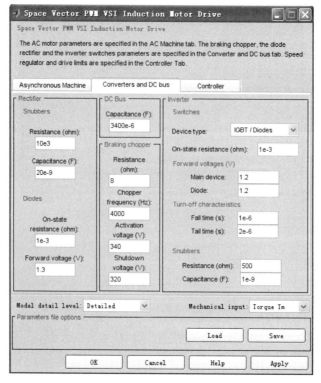

图 7.25　感应电动机空间矢量控制变换器和直流母线参数设置对话框

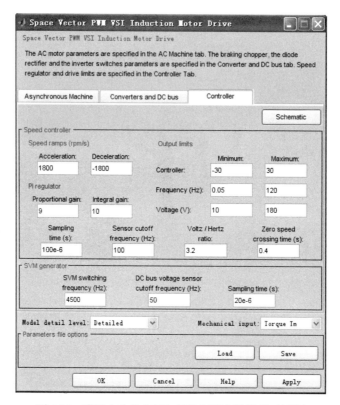

图 7.26　感应电动机空间矢量控制器参数设置对话框

# 第 7 章 电动机 MATLAB 数值仿真

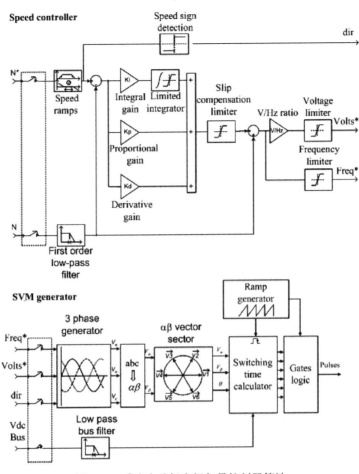

图 7.27 感应电动机空间矢量控制器算法

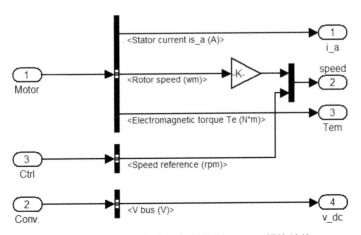

图 7.28 感应电动机空间矢量控制 Demux 模块结构

## 7.3.3 仿真结果及分析

当 $t=0$s 时,速度设定目标值为 1000r/min。电动机的转速从 0r/min 开始增加,当 $t=0.5$s

时，满负荷扭矩被施加到电动机转轴上，大约在 $t=0.6s$ 时，速度达到设定值。当 $t=1s$ 时，速度设定值变为1500r/min，电磁转矩再次达到设定值，使得在满负荷下，速度上升到1500r/min。转子转速曲线如图7.29所示。

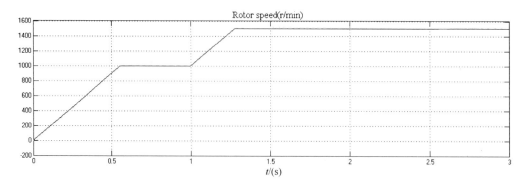

图7.29　转子转速曲线

在转速和转矩变动的过程中，定子电流也不断变动，在 $t=1.5s$ 以后，随着转速和转矩的稳定，电动机的定子电流趋于稳定。定子电流曲线如图7.30所示。

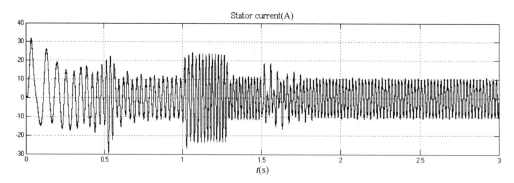

图7.30　定子电流曲线

在上述过程中，当电动机转速已经达到1000r/min时，电磁转矩就稳定在11N·m。当 $t=1s$ 时，速度设定值变为1500r/min，电磁转矩再次达到设定值，实现满负荷运行。当 $t=1.5s$ 时，机械载荷从11N·m变为-11N·m，这导致电磁转矩很快稳定在-11N·m附近。转矩曲线如图7.31所示。

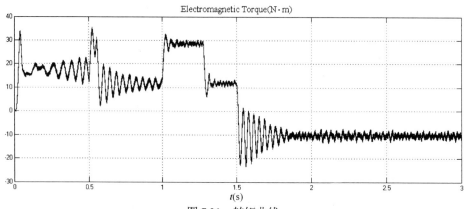

图7.31　转矩曲线

在 $t$=0s 时的电动机启动过程和在 $t$=1.5s 时的转矩变动过程中,直流母线电压经过短暂的波动,很快进入稳定状态。直流母线电压曲线如图 7.32 所示。

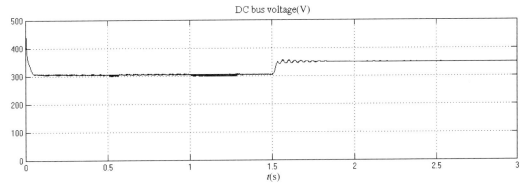

图 7.32　直流母线电压曲线

## 7.4　感应电动机磁场定向控制

### 7.4.1　感应电动机磁场定向控制模型建立

感应电动机磁场定向控制(Field-Oriented Control,FOC)整体模型如图 7.33 所示。电动机额定功率为 150kW。感应电动机由 PWM 电压源逆变器供电,逆变器采用通用桥式结构。速度控制环采用 PI 控制器,由它来产生 FOC 控制器所需要的磁通和转矩参考值。FOC 控制器计算电动机线电流、磁通和转矩参考值,然后采用三相电流调节器把这些电流输入电动机。电动机电流、速度和扭矩信号可以通过输出模块查看。

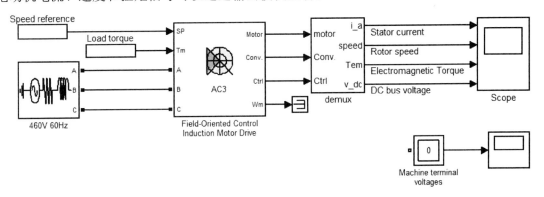

图 7.33　感应电动机磁场定向控制整体模型

运行仿真模型。可以观察电动机定子电流、转子转速、电磁转矩和直流母线上的电压。本例给出了速度设定值和扭矩设定值。

电力系统采用离散方式仿真步长 2μs,速度控制器设定采样时间为 100μs,矢量控制器设定 20μs 的采样时间,仿真时间设置为 3s。

## 7.4.2 仿真模块参数设置

图 7.34 所示为感应电动机磁场定向控制电源模块参数设置。

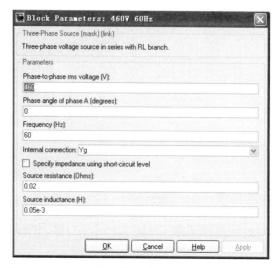

图 7.34　感应电动机磁场定向控制电源模块参数设置

图 7.35 所示为感应电动机磁场定向控制速度参数设置。

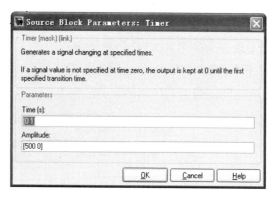

图 7.35　感应电动机磁场定向控制速度参数设置

图 7.36 所示为感应电动机磁场定向控制负载转矩模块参数设置。

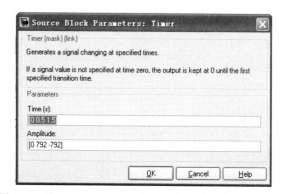

图 7.36　感应电动机磁场定向控制负载转矩模块参数设置

图7.37所示为感应电动机磁场定向控制电动机模块参数设置。

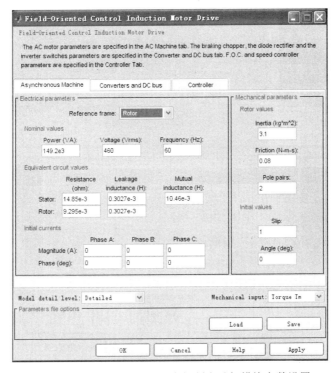

图7.37 感应电动机磁场定向控制电动机模块参数设置

图7.38所示为感应电动机磁场定向控制变换器和直流母线模块参数设置。

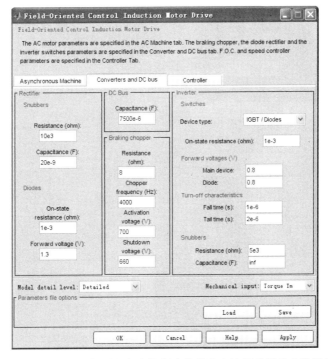

图7.38 感应电动机磁场定向控制变换器和直流母线模块参数设置

图 7.39 所示为感应电动机磁场定向控制器模块参数设置。

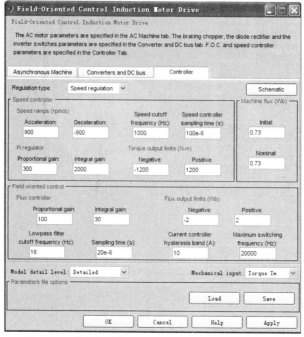

图 7.39 感应电动机磁场定向控制器模块参数设置

图 7.40 所示为感应电动机磁场定向控制算法。

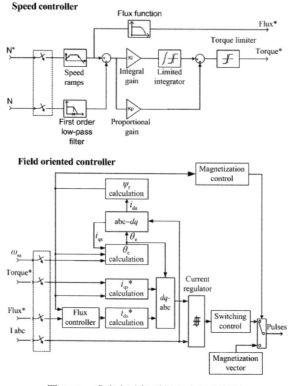

图 7.40 感应电动机磁场定向控制算法

图 7.41 所示为感应电动机磁场定向控制 Demux 模块结构。

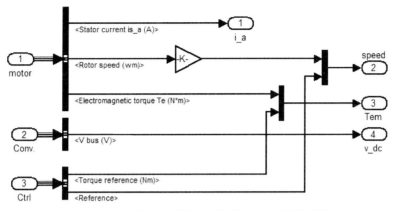

图 7.41 感应电动机磁场定向控制 Demux 模块结构

### 7.4.3 仿真结果及分析

图 7.42 所示为感应电动机磁场定向控制转子转速曲线。可以看出，在时间 $t=0$s 时，转子的速度从 0r/min 开始逐渐增加到设定值 500r/min。在 $t=0.5$s 时，电动机轴施加满载转矩，电动机转速仍在继续增加。到 $t=0.8$s 时，大约达到最终值 500r/min。在 $t=1$s 时，电动机速度控制目标的预设值为 0r/min。通过控制器发出信号，执行器动作后，可以通过快速的减速过程将电动机的速度精确地调整到 0r/min 并保持，即转子停转。不久之后，电动机转速稳定在 0r/min。

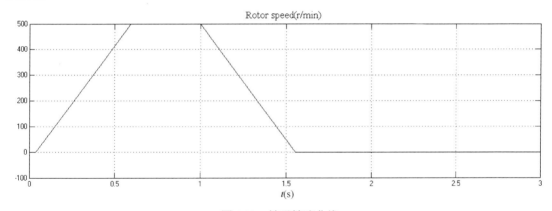

图 7.42 转子转速曲线

图 7.43 所示为感应电动机磁场定向控制定子电流曲线。在 $t=1.5$s 之前，由于转速变换，整个过程电动机的定子电流不断变化；在 $t=1.5$s 之后，电动机的电流稳定为正弦变化曲线。

图 7.44 所示为感应电动机磁场定向控制电动机转矩曲线。可以看出，在 0.5～1s 期间，电磁转矩增加到仿真设定的最大值 1200 N·m，然后稳定在 820N·m。

图 7.45 所示为感应电动机磁场定向控制直流母线电压曲线。可以看出，直流母线电压在系统启动的过程中有一个短暂的冲击电压，然后在以后的仿真期间，基本稳定不变且都在合理的调节范围之内。

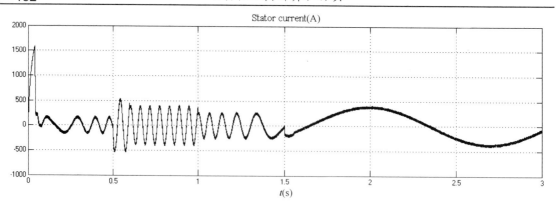

图 7.43 定子电流曲线

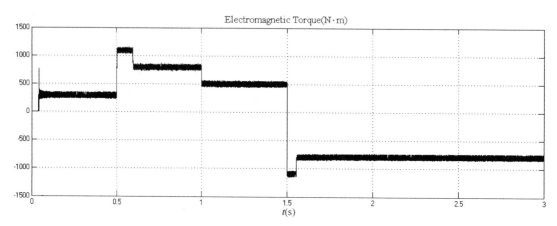

图 7.44 电动机转矩曲线

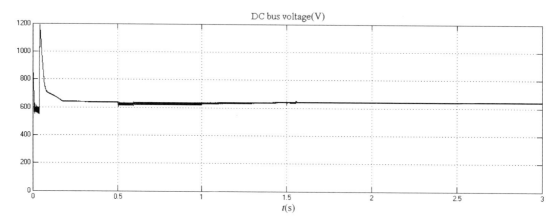

图 7.45 直流母线电压曲线

# 第8章 特殊结构永磁电动机研究

## 8.1 特殊结构永磁电动机的结构和运行原理

三相感应电动机的应用范围非常普遍，但是常规结构的三相感应电动机的效率和功率因数不高，为了解决这个问题，研究了一种特殊结构永磁电动机，这种电动机特别适合频繁启动和变负载的驱动，如风机、风扇和各种泵类负载。

特殊结构永磁电动机总体结构图如图8.1所示，本质上，这种结构的电动机就是在普通鼠笼式电动机内部增加了一个能够自由旋转的永磁体转子，构成了两个电动机复合的结构。笼型转子和定子之间是一台普通的三相感应电动机，永磁体和定子之间是一台同步电动机，两个电动机的定子共用。

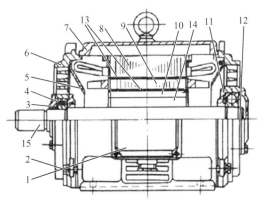

1—接线盒；2—固定螺钉；3—轴承外盖；4—轴承；5—挡风板；6—电动机端盖；7—机座 8—定子铁芯；9—笼型转子；10—内转子；11—轴承内盖；12—轴用挡圈；13—气隙；14—软钢；15—转轴

图8.1 特殊结构永磁电动机总体结构图

特殊结构永磁电动机的横截面图如图8.2所示。

由电动机的基本理论可知，当电动机定子绕组通入三相交流电时，产生的同步旋转磁场会带动笼型转子转动起来，永磁内转子因为能够自由旋转，所以它以同步速旋转。

## 8.2 电动机的建模

### 8.2.1 电动机有限元模型

如图 8.3 所示为特殊结构永磁电动机磁力线分

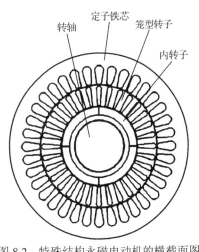

图8.2 特殊结构永磁电动机的横截面图

布图,从 Ansoft 电磁场有限元分析得到的结果可以看出,电动机内部的磁力线完全闭合。磁场的主磁链绝大部分将穿越笼型转子,进入定子轭部。永磁转子对电动机的作用效果可以等效为在气隙磁场中存在的一个以同步速旋转的磁链。

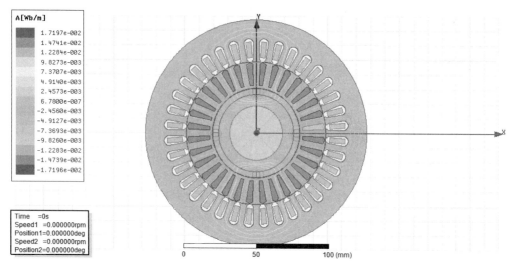

图 8.3 特殊结构永磁电动机磁力线分布图

## 8.2.2 在三相坐标系下的数学模型

忽略磁路饱和、齿槽开口和铁芯损耗的影响,并假设电动机各相绕组结构对称、磁路线性,取定、转子各电磁量的正方向符合电动机法则。

三相坐标系下电动机模型如图 8.4 所示,定子上有三套绕组对称分布,互差 120°电角度。转子上也有三套绕组对称分布,互差 120°电角度。转子的初始位置决定定子 A 相轴线与转子 a 相轴线的夹角。外转子为笼型转子,并没有实际上的三相绕组,为分析方便,可以将笼型外转子等效为三相集中绕组。图 8.4 中永磁磁链 $\psi_0$ 反映了永磁同步转子的作用。

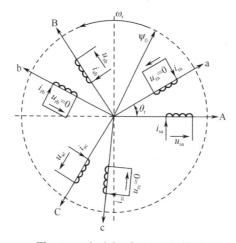

图 8.4 三相坐标系下电动机模型

电动机的各变量方程如下:

## 第8章 特殊结构永磁电动机研究

$$u = Ri + \mathrm{p}\psi \tag{8.1}$$

其中，

$$u = [u_{sa} \quad u_{sb} \quad u_{sc} \quad u_{ra} \quad u_{rb} \quad u_{rc}]^T$$
$$R = \mathrm{diag}[r_s \quad r_s \quad r_s \quad r_r \quad r_r \quad r_r]$$
$$i = [i_{sa} \quad i_{sb} \quad i_{sc} \quad i_{ra} \quad i_{rb} \quad i_{rc}]^T$$
$$\psi = [\psi_{sa} \quad \psi_{sb} \quad \psi_{sc} \quad \psi_{ra} \quad \psi_{rb} \quad \psi_{rc}]^T$$

式中，$u_{sa}$、$u_{sb}$、$u_{sc}$、$u_{ra}$、$u_{rb}$、$u_{rc}$ 分别为定子三相电压与转子三相电压，其中由于转子为笼型结构，所以 $u_{ra}$、$u_{rb}$、$u_{rc}$ 为零；$i_{sa}$、$i_{sb}$、$i_{sc}$、$i_{ra}$、$i_{rb}$、$i_{rc}$ 分别为定子三相电流与转子三相电流；$r_s$ 和 $r_r$ 分别为定、转子每相电阻；$\psi_{sa}$、$\psi_{sb}$、$\psi_{sc}$、$\psi_{ra}$、$\psi_{rb}$、$\psi_{rc}$ 分别为定子三相磁链与转子三相磁链，以上所有量都归算到定子侧，为表述方便，不再特殊强调折算关系；p 为运算因子，表示微分，即 p=d/d$t$。

磁链方程为

$$\psi = Li + \psi_0 \tag{8.2}$$

式中，$\psi_0$ 为永磁转子产生的磁链，其在定、转子中产生的磁链均为常数，表示如下：

$$\psi_0 = [\psi_{sa0} \quad \psi_{sb0} \quad \psi_{sc0} \quad \psi_{ra0} \quad \psi_{rb0} \quad \psi_{rc0}]^T$$

根据上述分析，$\psi_{sa0}$、$\psi_{sb0}$、$\psi_{sc0}$ 的合成磁势与 $\psi_{ra0}$、$\psi_{rb0}$、$\psi_{rc0}$ 的合成磁势相同，且为一常数。

$L$ 为电感矩阵，表示如下：

$$L = \begin{bmatrix} L_{ss} & L_{sr} \\ L_{rs} & L_{rr} \end{bmatrix} \tag{8.3}$$

$L_{ss}$ 为定子各绕组自感及互感矩阵，有

$$L_{ss} = \begin{bmatrix} L_{as} & M_{abs} & M_{acs} \\ M_{bas} & L_{bs} & M_{bcs} \\ M_{cas} & M_{cbs} & L_{cs} \end{bmatrix} \tag{8.4}$$

定子三相绕组相互对称，故各绕组自感相同，互感相等，有

$$\begin{cases} L_s = L_{ms} + L_{\sigma s} \\ M_s = -\dfrac{1}{2}L_{ms} \end{cases} \tag{8.5}$$

式中，$L_{ms}$ 为定子绕组主电感；$L_{\sigma s}$ 为定子绕组漏电感。

$L_{rr}$ 为转子电感矩阵，有

$$L_{rr} = \begin{bmatrix} L_{mr} + L_{\sigma r} & -\dfrac{1}{2}L_{mr} & -\dfrac{1}{2}L_{mr} \\ -\dfrac{1}{2}L_{mr} & L_{mr} + L_{\sigma r} & -\dfrac{1}{2}L_{mr} \\ -\dfrac{1}{2}L_{mr} & -\dfrac{1}{2}L_{mr} & L_{mr} + L_{\sigma r} \end{bmatrix} \tag{8.6}$$

式中，$L_{mr}$ 为转子绕组主电感；$L_{\sigma r}$ 为转子绕组漏感。其中，定、转子绕组的主电感相等，所以 $L_{ms} = L_{mr}$。

$L_{sr}$ 和 $L_{rs}$ 为定、转子绕组间互感矩阵，与定、转子的相对位置有关。根据电机学基本原

理，有

$$L_{sr} = L_{rs}^{T} = L_{ms}\begin{bmatrix} \cos\theta_r & \cos(\theta_r - 120°) & \cos(\theta_r + 120°) \\ \cos(\theta_r + 120°) & \cos\theta_r & \cos(\theta_r - 120°) \\ \cos(\theta_r - 120°) & \cos(\theta_r + 120°) & \cos\theta_r \end{bmatrix} \quad (8.7)$$

式中，$\theta_r$ 为转子位置角，如图 8.4 所示。根据机电能量转换原理，电动机的转矩可以表达为

$$T_e = \frac{1}{2}\boldsymbol{i}^T \frac{\partial \boldsymbol{L}}{\partial \theta}\boldsymbol{i} \quad (8.8)$$

式中，$\theta$ 为转子机械角位移。电感矩阵中只有 $\boldsymbol{L}_{sr}$ 和 $\boldsymbol{L}_{rs}$ 是和角位移相关的函数，由式（8.8），可以得到如下公式：

$$T_e = -p\boldsymbol{i}_{abcs}^T \frac{\partial \boldsymbol{L}_{sr}}{\partial \theta_r}\boldsymbol{i}_{abcr} \quad (8.9)$$

式中，$p$ 为电动机极对数；$T_e$ 为电动机的电磁转矩；$\boldsymbol{i}_{abcs}$ 和 $\boldsymbol{i}_{abcr}$ 分别表示定子三相电流和转子三相电流。若忽略摩擦阻尼转矩，则电动机的运动方程为

$$T_e - T_L = J\frac{d\Omega}{dt} \quad (8.10)$$

式中，$T_L$ 是负载转矩；$J$ 是系统转动惯量；$\Omega$ 是转子旋转的机械角速度，其与电角速度 $\omega_r$ 的关系为

$$\omega_r = p\Omega \quad (8.11)$$

用以上表达式来控制电动机比较烦琐，应该采用坐标变换的方式简化此种电动机的数学模型。

### 8.2.3 在任意速坐标系下的数学模型

任意速坐标系以角速度 $\omega$ 旋转，其 $d$ 轴与定子 A 相轴线夹角为 $\theta_s$，与转子 a 相轴线夹角为 $\theta_r$，有

$$\begin{cases} \theta_s = \int \omega(t)dt + \theta_{s0} \\ \theta_r = \int (\omega(t) - \omega_r(t))dt + \theta_{r0} \end{cases} \quad (8.12)$$

式中，$\theta_{s0}$ 和 $\theta_{r0}$ 分别为 $d$ 轴与定子 A 相、转子 a 相夹角的初始值。二者之差即为 $\theta_r$，取决于转子的初始位置。

三相静止坐标系到任意速坐标系变换的矩阵为

$$\boldsymbol{C}_{ABC/dq} = \begin{bmatrix} \cos\theta_s & \cos(\theta_s - 120°) & \cos(\theta_s + 120°) \\ -\sin\theta_s & -\sin(\theta_s - 120°) & -\sin(\theta_s + 120°) \end{bmatrix} \quad (8.13)$$

$$\boldsymbol{C}_{abc/dq} = \begin{bmatrix} \cos\theta_r & \cos(\theta_r - 120°) & \cos(\theta_r + 120°) \\ -\sin\theta_r & -\sin(\theta_r - 120°) & -\sin(\theta_r + 120°) \end{bmatrix} \quad (8.14)$$

在任意速坐标系下，特殊结构永磁电动机的电压方程为

$$\begin{cases} \boldsymbol{u}_{ds} = r_s\boldsymbol{i}_{ds} + p\boldsymbol{\psi}_{ds} - \omega\boldsymbol{\psi}_{qs} \\ \boldsymbol{u}_{qs} = r_s\boldsymbol{i}_{qs} + p\boldsymbol{\psi}_{qs} - \omega\boldsymbol{\psi}_{ds} \\ \boldsymbol{u}_{dr} = r_r\boldsymbol{i}_{dr} + p\boldsymbol{\psi}_{dr} - \omega_{s1}\boldsymbol{\psi}_{qr} \\ \boldsymbol{u}_{qr} = r_r\boldsymbol{i}_{qr} + p\boldsymbol{\psi}_{qr} - \omega_{s1}\boldsymbol{\psi}_{dr} \end{cases} \quad (8.15)$$

式中，*u* 表示电动机定、转子电压向量；*i* 表示电动机定、转子电流向量；*ψ* 表示电动机定、转子磁链向量；下标中 d、q 表示 *d* 轴和 *q* 轴分量，r 和 s 表示定子和转子分量；$\omega_{s1}$ 是电动机的同步角速度 $\omega_0$ 和转子角速度 $\omega$ 之间的转速差。

由于内部存在永磁转子，所以电动机的磁链方程与传统感应电动机不同，表达式为

$$\begin{cases} \psi_{ds} = L_s i_{ds} + L_m i_{qs} + \psi_{ds0} \\ \psi_{qs} = L_s i_{qs} + L_m i_{ds} + \psi_{qs0} \\ \psi_{dr} = L_r i_{dr} + L_m i_{qr} + \psi_{dr0} \\ \psi_{qr} = L_r i_{qr} + L_m i_{dr} + \psi_{qr0} \end{cases} \tag{8.16}$$

式中，$L_m$ 是定、转子同轴线绕组之间的等效互感，可以表示为

$$L_m = \frac{3}{2} L_{ms} \tag{8.17}$$

$L_s$ 是定子 d、q 两相等效自感，其值等于 $L_{\sigma s} + \frac{3}{2} L_{ms}$；$L_r$ 是转子 d、q 两相等效自感，其值等于 $L_{\sigma r} + \frac{3}{2} L_{ms}$。

如图 8.5 所示为同步速坐标系下电动机模型，设该角度为 $\theta_\varphi$，其表达式如下：

$$\theta_\varphi = \int (\omega(t) - \omega_0(t)) dt + \theta_{\varphi 0} \tag{8.18}$$

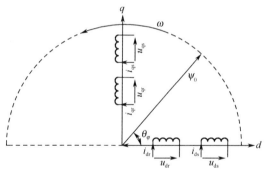

图 8.5 同步速坐标系下电动机模型

式中，$\theta_{\varphi 0}$ 为初始角度。永磁磁链 *d*、*q* 轴分量表达式为

$$\begin{cases} \psi_{ds0} = \psi_{dr0} = \psi_0 \cos \theta_\varphi \\ \psi_{qs0} = \psi_{qr0} = \psi_0 \sin \theta_\varphi \end{cases} \tag{8.19}$$

电磁转矩的表达式如下：

$$T_e = p L_m (i_{qs} i_{dr} - i_{ds} i_{qr}) \tag{8.20}$$

运动方程与系统的坐标变换无关，所以运动方程不变。

## 8.2.4 两相旋转坐标系数学模型

特殊结构永磁电动机具有独特的转子结构，该电动机的磁路和电路呈现出非线性、耦合性等特点。然而，特殊结构永磁电动机的运行理论与同步电动机和常规感应电动机的运行原理在本质上是有联系的，仍然可以通过电路方程、磁路方程及机械运动方程来描述其动态过程。

特殊结构永磁电动机的外转子与定子形成一个鼠笼式感应电动机结构，定子通以角频率

为 $\omega_0$ 的三相对称电流，则根据电磁感应原理，将在鼠笼转子上感应一个同步旋转的磁场，而鼠笼转子以 $\omega_r$ 的角频率旋转，因此，气隙磁链以相对角速度 $\omega_0 - \omega_r$ 切割磁场。

特殊结构永磁电动机的气隙磁场由三部分组成，即定子磁场、鼠笼转子产生的磁场和永磁磁场。特殊结构永磁电动机磁链矢量图如图 8.6 所示，图中 $\varphi$ 为永磁磁链与定子磁链夹角，$\theta$ 为鼠笼转子磁链与定子磁链夹角。

特殊结构永磁电动机的定子 A 相、鼠笼转子 a 相、永磁转子轴系与 $dq$ 同步坐标系的关系，即静止坐标系与同步坐标系的关系如图 8.7 所示。定子 A 相轴线与 $d$ 轴的夹角为

$$\alpha = \alpha_0 + \omega_0 t$$

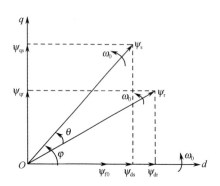

图 8.6　特殊结构永磁电动机磁链矢量图

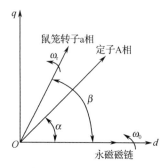

图 8.7　静止坐标系与同步坐标系的关系

因鼠笼转子以异步转速旋转，$dq$ 同步坐标系以同步速旋转，定义鼠笼转子 a 相轴线与 $d$ 轴的夹角为

$$\beta = \beta_0 + (\omega_0 - \omega_r)t \tag{8.21}$$

式中，$\alpha_0$、$\beta_0$ 为初始角度，不失一般性，为建模简便，该值取零。

永磁转子产生的磁场可等效为一个恒定的，在内、外气隙均起作用的磁链 $\psi_{f0}$。可以建立鼠笼型特殊结构永磁电动机的电压方程为

$$\begin{cases} u_{ds} = p\psi_{ds} - \omega_0\psi_{qs} + r_s i_{ds} \\ u_{qs} = p\psi_{qs} + \omega_0\psi_{ds} + r_s i_{qs} \\ u_{dr} = 0 = p\psi_{dr} - (\omega_0 - \omega_r)\psi_{qr} + r_r i_{dr} \\ u_{qr} = 0 = p\psi_{qr} + (\omega_0 - \omega_r)\psi_{dr} + r_r i_{qr} \end{cases} \tag{8.22}$$

电动机的磁链方程为

$$\begin{cases} \psi_{ds} = L_{ss} i_{ds} + L_m i_{dr} + \psi_{f0} \\ \psi_{qs} = L_{ss} i_{qs} + L_m i_{qr} \\ \psi_{dr} = L_m i_{ds} + L_{rr} i_{dr} + \psi_{f0} \\ \psi_{qr} = L_m i_{qs} + L_{rr} i_{qr} \end{cases} \tag{8.23}$$

则在 $dq$ 同步坐标系中，电动机的电压方程可转化为

$$\begin{bmatrix} u_{ds} \\ u_{qs} \\ 0 \\ 0 \end{bmatrix} = \begin{bmatrix} L_s p + r_s & \omega_0 L_s & L_m p & -\omega_0 L_m \\ \omega_0 L_s & L_s p + r_s & \omega_0 L_m & L_m p \\ L_m p & -s\omega_0 L_m & L_r p + r_r & -s\omega_0 L_r \\ s\omega_0 L_m & L_m p & s\omega_0 L_r & L_r p + r_r \end{bmatrix} \begin{bmatrix} \psi_{ds} \\ \psi_{qs} \\ \psi_{dr} \\ \psi_{qr} \end{bmatrix} + \begin{bmatrix} 0 \\ \omega_0 \psi_{f0} \\ 0 \\ s\omega_0 \psi_{f0} \end{bmatrix} \tag{8.24}$$

式中，$s$ 为电动机的转差率。

特殊结构永磁电动机的转矩分为内转子转矩与外转子转矩。电动机定子转矩 $T_S$、外转子转矩 $T_{OR}$ 和内转子转矩 $T_{IR}$ 的表达式为

$$\begin{cases} T_S = \dfrac{3}{2}p(i_{ds}\psi_{qs} - i_{qs}\psi_{ds}) \\ T_{OR} = J_{OR}\dfrac{d\Omega_{OR}}{dt} + T_L = \dfrac{3}{2}p(i_{dr}\psi_{qr} - i_{qr}\psi_{dr}) \\ T_{IR} = J_{IR}\dfrac{d\Omega_{IR}}{dt} + T_0 = \dfrac{3}{2}p((i_{ds}\psi_{qs} - i_{qs}\psi_{ds}) - (i_{dr}\psi_{qr} - i_{qr}\psi_{dr})) \end{cases} \quad (8.25)$$

将磁链方程写成矩阵形式为

$$\begin{bmatrix} \psi_{ds} \\ \psi_{qs} \\ \psi_{dr} \\ \psi_{qr} \end{bmatrix} = \begin{bmatrix} L_{ss} & 0 & L_m & 0 \\ & L_{ss} & & L_m \\ L_m & & L_{rr} & \\ & L_m & & L_{rr} \end{bmatrix} \begin{bmatrix} i_{ds} \\ i_{qs} \\ i_{dr} \\ i_{qr} \end{bmatrix} + \begin{bmatrix} \psi_f \\ 0 \\ \psi_f \\ 0 \end{bmatrix} \quad (8.26)$$

其中定义

$$\boldsymbol{C} = \begin{bmatrix} L_{ss} & 0 & L_m & 0 \\ & L_{ss} & & L_m \\ L_m & & L_{rr} & \\ & L_m & & L_{rr} \end{bmatrix} \quad \boldsymbol{\psi}_{f0} = \begin{bmatrix} \psi_f \\ 0 \\ \psi_f \\ 0 \end{bmatrix}$$

将电动机的电压和磁链表达式可以转换为状态矩阵方程的形式,有

$$p\begin{bmatrix} i_{ds} \\ i_{qs} \\ i_{dr} \\ i_{qr} \end{bmatrix} = \boldsymbol{C}^{-1}\left(\begin{bmatrix} u_{ds} \\ u_{qs} \\ 0 \\ 0 \end{bmatrix} + \begin{bmatrix} 0 & -\omega & & \\ \omega & 0 & & \\ & & 0 & -(\omega-\omega_r) \\ & & \omega-\omega_r & 0 \end{bmatrix}\begin{bmatrix} \psi_{ds} \\ \psi_{qs} \\ \psi_{dr} \\ \psi_{qr} \end{bmatrix} + \begin{bmatrix} -r_s & & & \\ & -r_s & & \\ & & -r_r & \\ & & & -r_r \end{bmatrix}\begin{bmatrix} i_{ds} \\ i_{qs} \\ i_{dr} \\ i_{qr} \end{bmatrix}\right) \quad (8.27)$$

## 8.2.5 电动机仿真建模及控制分析

依据上述建立的电动机方程,在 MATLAB 仿真软件中编写相应的 s 函数,利用 Simulink 建立特殊结构永磁电动机 Simulink 仿真模型,如图 8.8 所示。

与同尺寸的常规感应电动机的电感参数相比,从本质上讲,特殊结构永磁电动机仅是在笼型转子内部加了一个永磁转子,由该转子提供一个恒定的永磁磁链,该磁场与笼型转子磁场在内气隙相耦合;同时,将穿越转子进入外气隙,并与定子磁场相耦合。因此,特殊结构永磁电动机内部的磁场是在原有的常规感应电动机的磁场中增加了一个同步速旋转的永磁磁链。

由于研究的电动机结构比较复杂,所以在建立数学仿真模型时,需要获得电动机的定子和转子参数。采用 Ansoft 有限元的 2D 电磁场仿真计算,得到电动机的基本参数,如表 8.1 所示。表中的转子参数为归算到定子侧后的参数值。

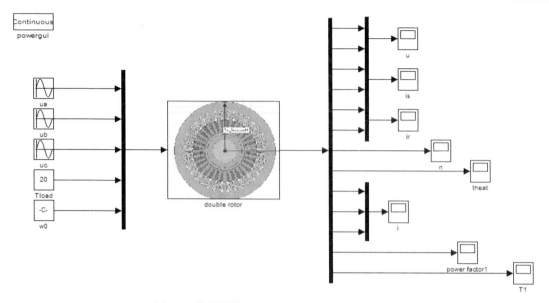

图 8.8　特殊结构永磁电动机 Simulink 仿真模型

表 8.1　电动机的基本参数表

| 参　　数 | 特殊结构永磁电动机 | 常规感应电动机 |
| --- | --- | --- |
| 定子电阻（Ω） | 2.46 | 2.35 |
| 定子自感（mH） | 41.3 | 40.1 |
| 转子电阻（Ω） | 2.45 | 2.45 |
| 转子自感（mH） | 41.3 | 40.2 |
| 定、转子互感（mH） | 35.19 | 34.2 |
| 永磁磁链（Wb） | 0.57 | 0 |
| 极对数 | 2 | 2 |

如表 8.1 所示，与常规感应电动机的电感参数相比，特殊结构永磁电动机的电感参数略大一点，这与理论分析相符合。

在空载条件下，电动机电压为三相 220V 相电压。在该种状况下，特殊结构永磁电动机与常规感应电动机的定子三相电流波形如图 8.9 和图 8.10 所示。

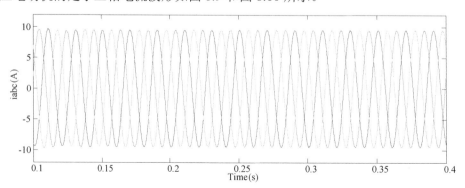

图 8.9　特殊结构永磁电动机定子三相电流波形

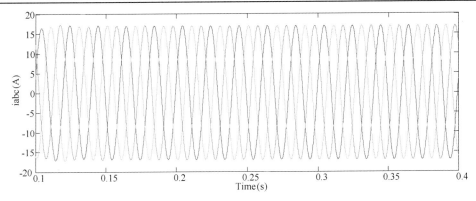

图 8.10 常规感应电动机定子三相电流波形

由图 8.9 可知,特殊结构永磁电动机在空载时定子电流有效值约为 6.7A。由图 8.10 可知,常规结构感应电动机在空载时,定子电流有效值约为 11.7A。可以看出,特殊结构永磁电动机的空载定子电流远远小于常规感应电动机。在电动机空载时,由于电动机无负载,因此电动机的电流主要是激磁电流。在负载情况下,电动机供电相电压 220V,同样带 20N·m 的负载。转子转速稳定时,定子电流变化曲线如图 8.11 和 8.12 所示。

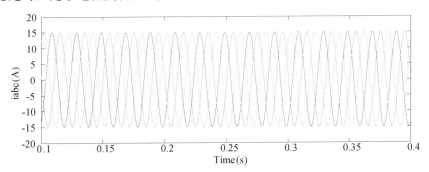

图 8.11 特殊结构永磁电动机定子电流变化曲线

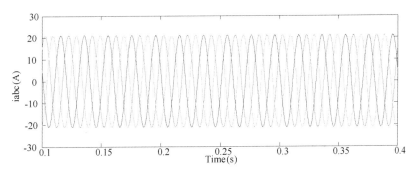

图 8.12 常规感应电动机定子电流变化曲线

如图 8.11 所示,特殊结构永磁电动机带负载时的电流有效值约为 10.6A;如图 8.12 所示,常规感应电动机带负载时的电流有效值约为 14.1A。可见,当负载不变时,特殊结构永磁电动机的负载电流明显比常规感应电动机的负载电流小。特殊结构永磁电动机在空载和带负载时从电网获得的定子电流都显著降低。

如图 8.13 所示为特殊结构永磁电动机与常规感应电动机在相同负载条件下的功率因数对比。特殊结构永磁电动机和常规感应电动机的功率因数分别为 0.82 和 0.71。可见，内部永磁体的存在可以减小无功功率，提高电动机的功率因数。

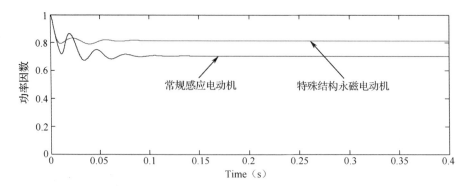

图 8.13 特殊结构永磁电动机与常规感应电动机在相同负载条件下的功率因数对比

如图 8.14 所示为在相同负载下电动机的转速变化对比曲线。特殊结构永磁电动机在稳态时转速比常规感应电动机的转速稍高，在启动的过渡状态下，特殊结构永磁电动机波动较小。如图 8.15 所示为在相同负载下电动机的转矩变化对比曲线。进入稳态运行时，两种电动机的转矩相等，约为 20N·m，与负载转矩达到了动态平衡。此时的稳态转矩相等是由于数学模型中没有计及电动机摩擦损耗的影响。

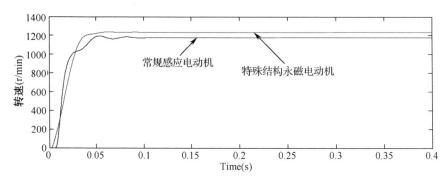

图 8.14 特殊结构永磁电动机与常规感应电动机的转速变化对比曲线

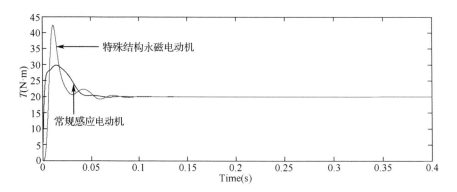

图 8.15 特殊结构永磁电动机与常规感应电动机的转矩变化对比曲线

## 8.3 直接功率控制

### 8.3.1 瞬时功率理论

在三相输入电压一定时，将特殊结构永磁电动机的瞬时有功电流和瞬时无功电流控制在规定的区间内变动，这种将功率作为直接控制对象的控制方式叫作电动机的直接功率控制。通常利用瞬时功率理论实现直接功率控制。

传统理论中的有功功率和无功功率都是在电压、电流都为正弦波的情况下，在基波周期平均值的基础上定义的。瞬时功率理论按照平均值来进行功率界定，确切规定了瞬时有功功率和无功功率。可以看出瞬时功率概念适用于分析正弦波，而且适合分析非正弦波和其他动态过渡过程。

设三相电路各相电压和电流瞬时值分别为 $u_{sa}$、$u_{sb}$、$u_{sc}$ 和 $i_{sa}$、$i_{sb}$、$i_{sc}$。在两相正交的 $\alpha\beta$ 坐标系中电压和电流分别为 $u_{s\alpha}$、$u_{s\beta}$ 和 $i_{s\alpha}$、$i_{s\beta}$，则

$$[u_{s\alpha} \quad u_{s\beta}]^T = \boldsymbol{C}_{32}[u_{sa} \quad u_{sb} \quad u_{sc}]^T \tag{8.28}$$

$$[i_\alpha \quad i_\beta]^T = \boldsymbol{C}_{32}[i_a \quad i_b \quad i_c]^T \tag{8.29}$$

式中，$\boldsymbol{C}_{32} = \sqrt{\dfrac{2}{3}}\begin{bmatrix} 1 & -1/2 & -1/2 \\ 0 & \sqrt{3}/2 & -\sqrt{3}/2 \end{bmatrix}$。

如图 8.16 所示为两相静止 $\alpha\beta$ 坐标系中电压和电流的投影关系，旋转矢量 $\boldsymbol{u}_s$、$\boldsymbol{i}_s$ 可以表示为

$$\boldsymbol{u}_s = |\boldsymbol{u}_s| \angle \varphi_u \tag{8.30}$$

$$\boldsymbol{i}_s = |\boldsymbol{i}_s| \angle \varphi_i \tag{8.31}$$

式中，$|\boldsymbol{u}_s|$ 和 $|\boldsymbol{i}_s|$ 分别为 $\boldsymbol{u}_s$ 和 $\boldsymbol{i}_s$ 的模；$\varphi_u$ 和 $\varphi_i$ 分别为 $\boldsymbol{u}_s$ 和 $\boldsymbol{i}_s$ 的辐角，如图 8.16 所示。瞬时有功功率可以定义为电压矢量 $\boldsymbol{u}_s$ 与电流矢量 $\boldsymbol{i}_s$ 两者的点乘运算。

$$p = \boldsymbol{u}_s \cdot \boldsymbol{i}_s = |\boldsymbol{u}_s| \cdot |\boldsymbol{i}_s| \cos\varphi \tag{8.32}$$

瞬时无功功率可以定义为电压矢量 $\boldsymbol{u}_s$ 与电流矢量 $\boldsymbol{i}_s$ 两者的叉乘运算。

$$q = |\boldsymbol{u}_s \times \boldsymbol{i}_s| = |\boldsymbol{u}_s| \cdot |\boldsymbol{i}_s| \sin\varphi \tag{8.33}$$

式中，$\varphi = \varphi_u - \varphi_i$。

$$p = \boldsymbol{u}_s \cdot \boldsymbol{i}_s = |\boldsymbol{u}_s| \cdot |\boldsymbol{i}_s| \cos(\varphi_u - \varphi_i) = |\boldsymbol{u}_s| \cdot |\boldsymbol{i}_s|(\cos\varphi_u \cos\varphi_i + \sin\varphi_u \sin\varphi_i) \tag{8.34}$$

$$q = |\boldsymbol{u}_s \times \boldsymbol{i}_s| = |\boldsymbol{u}_s| \cdot |\boldsymbol{i}_s| \sin(\varphi_u - \varphi_i) = |\boldsymbol{u}_s| \cdot |\boldsymbol{i}_s|(\sin\varphi_u \cos\varphi_i - \cos\varphi_u \sin\varphi_i) \tag{8.35}$$

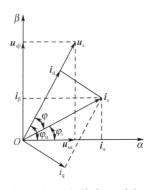

图 8.16 两相静止 $\alpha\beta$ 坐标系中电压和电流的投影关系

在 $\alpha\beta$ 坐标系下有

$$p = |\boldsymbol{u}_s|\cos\varphi_u \cdot |\boldsymbol{i}_s|\cos\varphi_i + |\boldsymbol{u}_s|\sin\varphi_u \cdot |\boldsymbol{i}_s|\sin\varphi_i = u_{s\alpha}i_{s\alpha} + u_{s\beta}i_{s\beta} \tag{8.36}$$

$$q = |\boldsymbol{u}_s|\sin\varphi_u \cdot |\boldsymbol{i}_s|\cos\varphi_i - |\boldsymbol{u}_s|\cos\varphi_u \cdot |\boldsymbol{i}_s|\sin\varphi_i = u_{s\beta}i_{s\alpha} - u_{s\alpha}i_{s\beta} \tag{8.37}$$

在两相旋转 $dq$ 坐标系中，$d$ 轴与电压 $\boldsymbol{u}_s$ 矢量方向重合，即 $|\boldsymbol{u}_s| = u_{sd}$，$u_{sq} = 0$。

$$i_{sd} = |\boldsymbol{i}_s|\cos(\varphi_u - \varphi_i)$$
$$i_{sq} = -|\boldsymbol{i}_s|\sin(\varphi_u - \varphi_i) \tag{8.38}$$

将式（8.38）代入式（8.36）和式（8.37），得到三相电路瞬时有功功率和无功功率在 $dq$ 坐标系下的表达式为

$$\begin{cases} p = u_s \cdot i_{sd} \\ q = -u_s \cdot i_{sq} \end{cases} \tag{8.39}$$

### 8.3.2 理想逆变器的数学模型和电压空间矢量

空间矢量脉宽调制（Space Vector Pulse Width Modulation，SVPWM）经常用于电动机矢量控制。交流变频调速系统的实质就是控制逆变器，直接功率控制通常采用电压型逆变器。图 8.17 所示为常用的三相理想电压型逆变器的主电路。

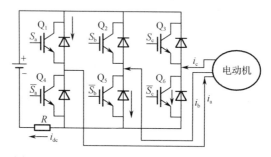

图 8.17　常用的三相理想电压型逆变器的主电路

电压型逆变器有三个桥臂，$S_a$、$S_b$、$S_c$ 能够表明一个桥臂上开关的通断，可以控制三相电压 $u_a$、$u_b$、$u_c$。开关导通时用状态"1"来表示，开关断开时用状态"0"来表示，则三个桥臂开关有八种组合，即可以形成电压型逆变器八种基本开关组合，如表 8.2 所示。

表 8.2　电压型逆变器八种基本开关组合

| 状态 | 0 | 1 | 2 | 3 | 4 | 5 | 6 | 7 |
|---|---|---|---|---|---|---|---|---|
| $S_a$ | 0 | 1 | 1 | 0 | 0 | 0 | 1 | 1 |
| $S_b$ | 0 | 0 | 1 | 1 | 1 | 0 | 0 | 1 |
| $S_c$ | 0 | 0 | 0 | 0 | 1 | 1 | 1 | 1 |

如果逆变器的输入端电压为 $U_{dc}$，则逆变器的输出端电压与母线电压及逆变器开关状态的关系为

$$\begin{cases} U_a = \dfrac{U_{dc}}{3}(2S_a - S_b - S_c) \\ U_b = \dfrac{U_{dc}}{3}(-S_a + 2S_b - S_c) \\ U_c = \dfrac{U_{dc}}{3}(-S_a - S_b + 2S_c) \end{cases} \tag{8.40}$$

当 $S_a$、$S_b$ 和 $S_c$ 都为 1 时，表示上桥臂导通、下桥臂断开；当 $S_a$、$S_b$ 和 $S_c$ 都为 0 时，表示上桥臂断开、下桥臂导通。

可以得到电压矢量 $u_s(t)$ 的 Park 矢量为

$$u_s(t) = \frac{2}{3}\left(u_a + u_b e^{j\left(\frac{2}{3}\pi\right)} + u_c e^{j\left(-\frac{2}{3}\pi\right)}\right) \quad (8.41)$$

将 $S_a$、$S_b$ 和 $S_c$ 对应的八种开关组合状态 $u_a$、$u_b$、$u_c$ 代入式（8.41），得到表 8.3 对应的八种输出电压矢量 $u_0 \sim u_7$。

表 8.3 八种输出电压矢量

| 电压矢量 | $S_a$ | $S_b$ | $S_c$ |
|---|---|---|---|
| $u_0$ | 0 | 0 | 0 |
| $u_1$ | 1 | 0 | 0 |
| $u_2$ | 1 | 1 | 0 |
| $u_3$ | 0 | 1 | 0 |
| $u_4$ | 0 | 1 | 1 |
| $u_5$ | 0 | 0 | 1 |
| $u_6$ | 1 | 0 | 1 |
| $u_7$ | 1 | 1 | 1 |

三相电压型逆变器电压空间矢量如图 8.18 所示，其中 $u_0$ 和 $u_7$ 是两个零电压矢量，即等价于电动机定子绕组短接。$u_1 \sim u_6$ 是非零电压矢量且都位于 $\alpha\beta$ 坐标系中。在每个调制周期内，调制算法如果忽略定子绕组电阻，则电压矢量的运动轨迹是定子磁链轨迹。如果参考电压矢量幅值恒定且调制频率足够高，则磁链轨迹近似圆形。

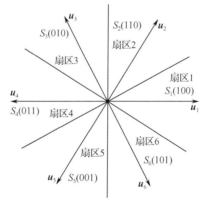

图 8.18 三相电压型逆变器电压空间矢量

### 8.3.3 特殊结构永磁电动机直接功率控制原理分析

在进行特殊结构永磁电动机稳态功率分析时，假定电动机定子和转子 $d$、$q$ 轴磁链不变，即

$$p\psi = 0$$

输入电压的 $d$、$q$ 轴分量为

$$\begin{cases} u_{ds} = u_m \sin\delta \\ u_{qs} = u_m \cos\delta \end{cases}$$

在求解上述方程时，忽略定子电阻项的影响。将电压方程代入上式中，可以得到

$$\begin{bmatrix} L_s & 0 & L_m & 0 \\ 0 & -L_s & 0 & -L_m \\ L_m & 0 & L_r & \dfrac{r_r}{s\omega_0} \\ 0 & -L_m & \dfrac{r_r}{s\omega_0} & -L_r \end{bmatrix} \begin{bmatrix} i_{ds} \\ i_{qs} \\ i_{dr} \\ i_{qr} \end{bmatrix} = \begin{bmatrix} \dfrac{u_m}{\omega_0}\cos\delta - \psi_{f0} \\ \dfrac{u_m}{\omega_0}\sin\delta \\ -\psi_{f0} \\ 0 \end{bmatrix} \quad (8.42)$$

通过对上述矩阵方程求解，可以得到定子电流的表达式为

$$\begin{cases} i_{ds} = \dfrac{1}{A^2+B^2}\left[\dfrac{r_r}{s\omega_0}\dfrac{L_m-L_s}{L_m}\psi_{f0} + \right. \\ \qquad\qquad \left. \left(A\dfrac{r_r}{s\omega_0}-BL_r\right)\dfrac{u_m}{\omega_0 L_m}\sin\delta - \dfrac{u_m}{\omega_0}\dfrac{r_r}{s\omega_0}\cos\delta\right] \\ i_{qs} = -\dfrac{1}{A^2+B^2}\left[\left(\left(\dfrac{L_r}{L_m}-1\right)B - A\dfrac{r_r}{s\omega_0 L_m}\right)\psi_{f0} + \right. \\ \qquad\qquad \left. \left(A\dfrac{r_r}{s\omega_0}-BL_r\right)\dfrac{u_m}{\omega_0 L_m}\cos\delta + \dfrac{u_m}{\omega_0}\dfrac{r_r}{s\omega_0}\sin\delta\right] \end{cases} \quad (8.43)$$

式中，$A = \dfrac{L_s}{L_m}\dfrac{r_r}{s\omega_0}$，$B = \dfrac{L_m^2 - L_s L_r}{L_m}$。

根据瞬时有功功率定义，有

$$P = u_{ds}i_{ds} + u_{qs}i_{qs} \quad (8.44)$$

将电压与电流的表达式代入式（8.44），得

$$P = \dfrac{L_m-L_r}{L_s L_r - L_m^2}u_m\psi_{f0}\sin\delta + \dfrac{(L_s-L_m)L_m}{(L_s L_r - L_m^2)^2}\dfrac{r_r}{s\omega_0}u_m\psi_{f0}\cos\delta + \dfrac{L_m^2}{(L_s L_r - L_m^2)^2}\dfrac{r_r}{s\omega_0^2}u_m^2 \quad (8.45)$$

$$= P_{同步} + P_{异步} + P_{同异}$$

从式（8.45）可知，有功功率包括三项，其中 $P_{同步}$ 是电动机为永磁转子旋转提供的功率；$P_{异步}$ 是笼型转子旋转消耗的功率；$P_{同异}$ 是永磁转子旋转对笼型转子所产生的作用结果。所以该特种电动机实质上是同步电动机和感应电动机的集成。

从特殊结构永磁电动机的结构可以看出，永磁转子不带任何负载，因此在该转子上消耗的功率主要用于克服轴间摩擦力做功。不计摩擦，同步功率近似为0。根据同步功率的表达式，有

$$\dfrac{L_m - L_r}{L_s L_r - L_m^2}u_m\psi_{f0}\sin\delta = 0 \quad (8.46)$$

由式（8.46）可以看出，电动机的功率角为0°。此时，有功功率可以表示为

$$P = \dfrac{(L_s-L_m)L_m}{(L_s L_r - L_m^2)^2}\dfrac{r_r}{s\omega_0}u_m\psi_{f0} + \dfrac{L_m^2}{(L_s L_r - L_m^2)^2}\dfrac{r_r}{s\omega_0^2}u_m^2 \quad (8.47)$$

瞬时无功功率可以表示为

$$Q = u_{qs}i_{ds} - u_{ds}i_{qs} \quad (8.48)$$

## 第8章 特殊结构永磁电动机研究

将电压与电流的表达式代入式（8.48），得

$$Q = \frac{L_m - L_r}{L_s L_r - L_m^2} u_m \psi_{f0} \cos\delta - \frac{(L_s - L_m) L_m}{(L_s L_r - L_m^2)^2} \frac{r_r}{s\omega_0} u_m \psi_{f0} \sin\delta + \frac{L_r}{L_s L_r - L_m^2} \frac{1}{\omega_0} u_m^2 \quad (8.49)$$

由 $\delta = 0$ 可以简化无功功率为

$$Q = \frac{L_m - L_r}{L_s L_r - L_m^2} u_m \psi_{f0} + \frac{L_r}{L_s L_r - L_m^2} \frac{1}{\omega_0} u_m^2 \quad (8.50)$$

电动机在同步速坐标系 $dq$ 中的定子电压为

$$u_s = p\psi_s + j\omega_0 \psi_s + r_s i_s \quad (8.51)$$

磁链为

$$\psi_s = L_s i_s + L_m i_r + j\psi_{f0}$$
$$\psi_r = L_m i_s + L_r i_r + j\psi_{f0}$$

式中，$L_s$ 为定子绕组自感；$L_r$ 为笼型转子绕组自感。

由式（8.51）得到定子电流为

$$i_s = \frac{L_m \psi_r - L_r \psi_s}{L_m^2 - L_s L_r} + j\frac{L_r - L_m}{L_m^2 - L_s L_r} \psi_{f0} \quad (8.52)$$

定子输入的瞬时有功功率和无功功率为

$$\begin{cases} P = \dfrac{3}{2} u_s \cdot i_s \\ Q = \dfrac{3}{2} u_s \times i_s \end{cases} \quad (8.53)$$

将式（8.51）和式（8.52）代入式（8.53），并忽略定子电阻对功率的影响，得

$$P = \frac{3}{2}(p\psi_s + j\omega_0 \psi_s + r_s i_s) \cdot i_s$$
$$Q = \frac{3}{2}(p\psi_s + j\omega_0 \psi_s + r_s i_s) \times i_s \quad (8.54)$$

$dq$ 坐标系中定子磁链表达式为

$$\psi_s = \psi_s e^{j\theta} \quad (8.55)$$

式中，$\theta$ 为定子磁链和 $d$ 轴之间的角度。将上式求微分有

$$p\psi_s = p\psi_s e^{j\theta} \quad (8.56)$$

稳态情况下，定子磁链幅值维持恒定，其微分等于0，所以有

$$p\psi_s = 0 \quad (8.57)$$

稳态时功率角等于 $0°$，此时 $\varphi = 90°$。

根据以上分析，可以得到有功功率与无功功率的表达式为

$$\begin{cases} P = \dfrac{\frac{3}{2}\omega_r L_m}{L_m^2 - L_s L_r} \psi_s \psi_r \sin\theta + \dfrac{\frac{3}{2}\omega_r (L_m - L_r)}{L_m^2 - L_s L_r} \psi_s \psi_{f0} \cos\varphi \\ Q = \dfrac{\frac{3}{2}\omega_r}{L_m^2 - L_s L_r} (L_m \psi_s \psi_r \cos\theta - L_r \psi_s^2) + \dfrac{\frac{3}{2}\omega_r (L_m - L_r)}{L_m^2 - L_s L_r} \psi_s \psi_{f0} \sin\varphi \end{cases} \quad (8.58)$$

对式（8.58）求导得

$$\begin{cases} \dfrac{\mathrm{d}P}{\mathrm{d}t} = \dfrac{\frac{3}{2}\omega_r L_m}{L_m^2 - L_s L_r} \dfrac{\mathrm{d}(\psi_s \psi_r \sin\theta)}{\mathrm{d}t} \\ \dfrac{\mathrm{d}Q}{\mathrm{d}t} = \dfrac{\frac{3}{2}\omega_r}{L_m^2 - L_s L_r}\left(\dfrac{L_m \mathrm{d}(\psi_s \psi_r \cos\theta)}{\mathrm{d}t} - L_r \dfrac{\mathrm{d}\psi_s^2}{\mathrm{d}t}\right) - \dfrac{\frac{3}{2}\omega_r(L_r - L_m)}{L_m^2 - L_s L_r} \dfrac{\mathrm{d}(\psi_s \psi_{f0})}{\mathrm{d}t} \end{cases} \quad (8.59)$$

式中，$\theta$ 为定子磁链与笼型转子磁链的夹角。如果满足功率因数等于 1，此时无功功率等于 0。由式（8.59）有

$$\psi_s = \dfrac{L_m}{L_r}\psi_r \cos\theta - \dfrac{L_r - L_m}{L_r}\psi_{f0} \quad (8.60)$$

将式（8.60）代入有功功率表达式，则

$$P = \dfrac{\frac{3}{2}\omega_r L_m}{L_m^2 - L_s L_r}\left(\dfrac{L_m}{2L_r}\psi_r^2 \sin 2\theta - \dfrac{L_r - L_m}{L_r}\psi_r \psi_{f0} \sin\theta\right) \quad (8.61)$$

笼型转子磁链 $\psi_r$ 的大小取决于负载，不是控制量，因此由式（8.61）可知，电动机有功功率的调节主要与角度 $\theta$ 有关。在运行中，可以通过调节 $\theta$ 来调节有功功率，进而调节有功功率的大小。无功功率主要由角度 $\theta$ 和定子磁链 $\psi_s$ 的大小来决定。所以在直接功率控制策略中，通过改变 $\psi_s$ 就可以调节无功功率。根据以上结论得到特殊结构永磁电动机的直接功率控制方案：将无功功率 $q^*$ 给定值设为零，通过调节定子磁链 $\psi_s$ 的幅值大小从而实现无功功率为零；通过调节 $\theta$ 的大小，来调节电动机的电磁转矩进而控制有功功率。

基于上述分析，建立的特殊结构永磁电动机的直接功率控制系统原理组成如图 8.19 所示。控制框图中主要包括坐标变换模块、角度计算模块、定子绕组瞬时功率计算模块、功率滞环控制模块和开关表模块等。

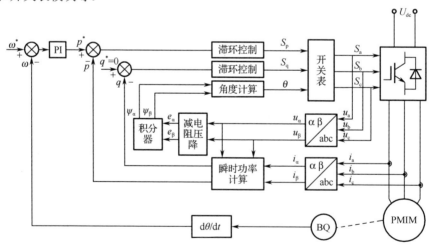

图 8.19 特殊结构永磁电动机直接功率控制系统原理组成

控制的基本原理就是将指令转速 $\omega^*$ 和反馈转速 $\omega$ 的偏差信号采集计算出来后送给 PI 进行调节，可以获得定子绕组所需要的瞬时有功功率 $p^*$，此时假定无功功率给定 $q^*$ 为 0。从图 8.19 可以看出，有功功率计算值和有功功率给定值的偏差、无功功率计算值和无功功率给

定值的偏差分别送入各自的功率滞环控制器。

根据直流电压 $U_{dc}$ 和电压开关状态 $S_a$、$S_b$、$S_c$ 可以得到定子电压矢量 $\boldsymbol{u}_s$ 的表达式为

$$\boldsymbol{u}_s = \begin{pmatrix} u_A \\ u_B \\ u_C \end{pmatrix} = \frac{1}{3} U_{dc} \begin{pmatrix} 2 & -1 & -1 \\ -1 & 2 & -1 \\ -1 & -1 & 2 \end{pmatrix} \begin{pmatrix} S_a \\ S_b \\ S_c \end{pmatrix} \tag{8.62}$$

定子电压 $u_\alpha$ 和 $u_\beta$ 可表示为

$$\begin{cases} u_\alpha = \dfrac{U_{dc}}{\sqrt{6}} (2S_a - S_b - S_c) \\ u_\beta = \dfrac{U_{dc}}{\sqrt{2}} (S_b - S_c) \end{cases} \tag{8.63}$$

定子绕组瞬时功率估算值 $p$ 和 $q$ 可表示为

$$\begin{cases} p = \dfrac{U_{dc}}{\sqrt{2}} [\dfrac{1}{\sqrt{3}} i_\alpha (2S_a - S_b - S_c) + i_\beta (S_b - S_c)] \\ q = \dfrac{U_{dc}}{\sqrt{2}} [i_\alpha (S_b - S_c) - \dfrac{1}{\sqrt{3}} i_\beta (2S_a - S_b - S_c)] \end{cases} \tag{8.64}$$

要想将瞬时功率的变动偏差控制在合理的范围，就要把瞬时有功功率、无功功率给定值与估算值送入两个滞环比较器，有功功率、无功功率滞环比较器的滞环宽度分别为 $p_r$、$q_r$，$S_p$ 和 $S_q$ 分别是两个功率滞环控制器的输出（滞环输出）。$S_p$ 和 $S_q$ 按式（8.65）取值：

$$\begin{cases} S_p = 1 & p^* - p > p_r \\ S_p = 0 & p^* - p < -p_r \\ S_q = 1 & q^* - q > q_r \\ S_q = 0 & q^* - q < -q_r \end{cases} \tag{8.65}$$

当 $S_p$ 的值等于 1 时，说明在控制周期中，有功功率实际的估算值比有功功率的给定值要小，为了达到控制系统的稳定，在下一个控制周期应该增加电动机的转矩从而使有功功率接近给定值。

当 $S_q$ 的值等于 1 时，说明在控制周期中，无功功率实际的估算值比无功功率的给定值大，为了达到控制系统的稳定，在下一个控制周期应该增加电动机的定子磁链幅值，从而使无功功率接近给定值零。

当 $S_p$ 的值等于 0 时，表明在当前控制周期中，有功功率实际的估算值大于有功功率的给定值，为了达到控制系统的稳定，在下一个控制周期应该减小电动机的电磁转矩，从而降低有功功率的输入。当 $-p_r \leq p^* - p \leq p_r$ 时，表明有功功率给定值和估算值的偏差在滞环控制器的滞环控制范围内，所以滞环控制器的输出应该维持在控制器前一个周期的输出状态。

当 $S_q$ 的值等于 0 时，表明在当前控制周期中，无功功率实际的估算值大于无功功率的给定值，为了达到控制系统的稳定，在下一个控制周期应该减小定子磁链的幅值，从而降低无功功率的输入。当 $-q_r \leq q^* - q \leq q_r$ 时，表明无功功率给定值和估算值的偏差在滞环控制器的滞环控制范围内，所以滞环控制器的输出应该维持在控制器前一个周期的输出状态。

已知滞环控制器的输出 $S_p$、$S_q$ 和定子绕组磁链所在的扇区 $N$，在电压矢量开关表内选择合适的电压矢量去控制定子绕组磁链 $\psi_s$。

直接功率控制的关键就是根据功率滞环控制器的输出 $S_p$、$S_q$ 和定子绕组磁链所在的扇区 $N$，在电压矢量开关表内选择合适的电压矢量去控制定子绕组磁链 $\psi_s$，使其按照规定的轨迹和速度运行。此处将基本电压矢量分为六个扇区，系统采用三相电压逆变器供电。各相开关采用互补导通切换模式，开关共有八种状态，其中 $V_1$（001）~$V_6$（110）为有效的电压矢量，$V_0$（000）和 $V_7$（111）为零电压矢量。六扇区与基本电压矢量如图 8.20 所示。

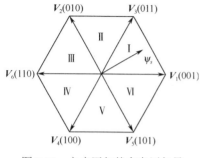

图 8.20 六扇区与基本电压矢量

从图 8.20 可以看出，电动机旋转方向为逆时针方向，当定子磁链位于 I 扇区时，电压矢量 $V_2$、$V_3$、$V_6$ 可使定、转子磁链的夹角增大，从而增大有功功率。其中，$V_2$ 对于定子磁链的变化影响较小，$V_3$ 对定子磁链有明显的增大作用，$V_6$ 对定子磁链有明显的减小作用。另一方面，电压矢量 $V_1$、$V_4$、$V_5$ 可使角度 $\theta$ 较小，从而减小有功功率。其中，$V_5$ 对于定子磁链大小影响不大，$V_1$ 有明显的增大作用，$V_4$ 有明显的减小作用。同理，针对不同的扇区，分析了不同的电压矢量的作用效果，并根据控制要求，编制了控制开关表，特殊结构永磁电动机直接功率控制开关表如表 8.4 所示。

表 8.4 特殊结构永磁电动机直接功率控制开关表

| 开关状态 | | 扇区号 | | | | | |
|---|---|---|---|---|---|---|---|
| | | I | II | III | IV | V | VI |
| 滞环输出 | $S_p=0$<br>$S_q=0$ | $V_4$ | $V_6$ | $V_2$ | $V_3$ | $V_1$ | $V_5$ |
| | $S_p=0$<br>$S_q=1$ | $V_5$ | $V_4$ | $V_6$ | $V_2$ | $V_3$ | $V_1$ |
| | $S_p=1$<br>$S_q=0$ | $V_2$ | $V_3$ | $V_1$ | $V_5$ | $V_4$ | $V_6$ |
| | $S_p=1$<br>$S_q=1$ | $V_3$ | $V_1$ | $V_5$ | $V_4$ | $V_6$ | $V_2$ |

### 8.3.4 特殊结构永磁电动机的直接功率控制

上面分析了特殊结构永磁电动机的直接功率控制原理，建立了特殊结构永磁电动机的直接功率策略，按照图 8.19 所示的结构可以搭建电动机的控制整体模型，具体的 MATLAB/Simulink 基于直接功率控制的仿真模型如图 8.21 所示。

特殊结构永磁电动机的相应参数如下，数据来源于有限元软件的分析结果：定子电阻为 2.7Ω，定子自感为 41mH，转子电阻为 2.41Ω，转子自感为 41mH，定、转子互感为 35.2mH，内转子磁链为 0.58Wb，电动机转动惯量为 0.2kg·m²。以上参数均为 $dq$ 同步坐标系下的参数，此外，转子参数均为归算后的参数。启动时，电动机带 15N·m 负载，转速达到 800r/min 时稳定运行，在 $t$=1s 后电动机负载突变为 35N·m，可以看到电动机转速稍有下降，基本维持在 800r/min。

有功功率与转矩仿真波形如图 8.22（a）、(b) 所示，当电动机转速不变时，电动机的功率和转矩也基本不变。无功功率仿真波形如图 8.22（c）所示，此时无功功率维持在 0var 上下。从图 8.22（a）中可以看出，当电动机转速稳定时，电动机电流基本稳定，而随负载转矩的增大，电动机的电流迅速增大。图 8.23（a）所示为电动机定子绕组三相电流仿真波形。从图 8.23（b）、(c) 中可以看到电流的放大波形，该电流含有较多谐波，是由于直接功率控制产生谐波电压的影响。从图 8.24 所示的转速变化曲线可知，电动机转速逐渐增大，当达到设定值时维持稳定。如果负载变动，转速也会出现短暂波动然后趋于新的稳定。

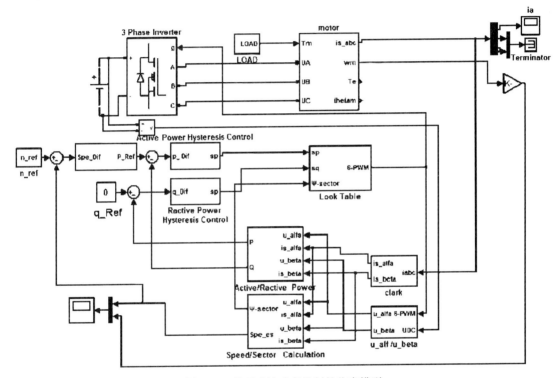

图 8.21　基于直接功率控制的仿真模型

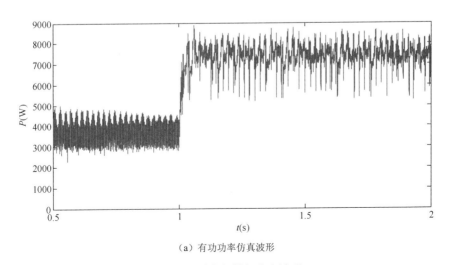

（a）有功功率仿真波形

图 8.22　功率与转矩仿真波形

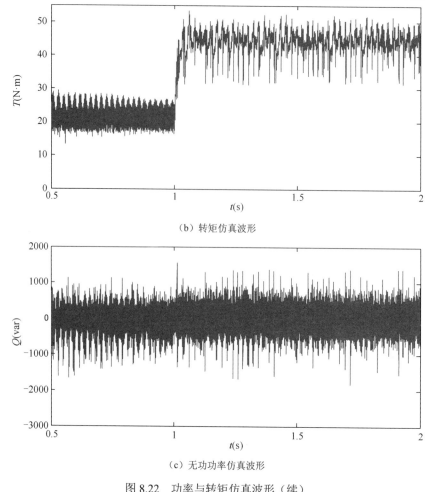

（b）转矩仿真波形

（c）无功功率仿真波形

图 8.22　功率与转矩仿真波形（续）

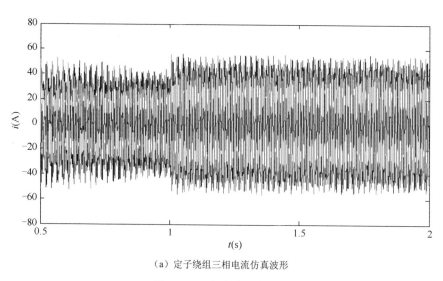

（a）定子绕组三相电流仿真波形

图 8.23　三相电流仿真波形

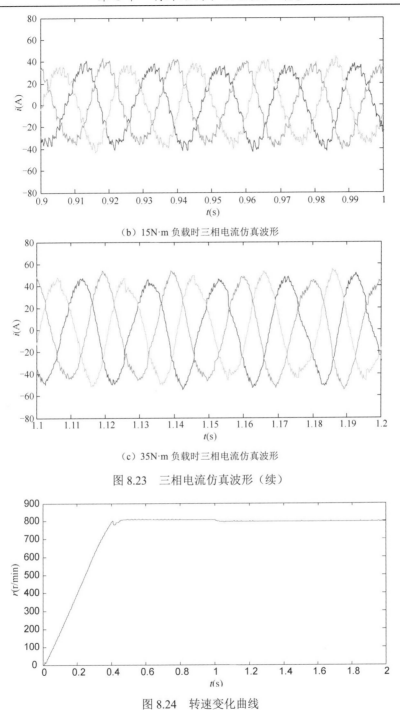

(b) 15N·m 负载时三相电流仿真波形

(c) 35N·m 负载时三相电流仿真波形

图 8.23　三相电流仿真波形（续）

图 8.24　转速变化曲线

特殊结构永磁电动机由于增加了永磁转子，所以具有高效率、高功率密度和高功率因数等特点，特别是在轻载时具有功率因数较高的特点，特别适用于风机和泵类等负载的场合。

# 参 考 文 献

[1] 刘新宇，等. 电动机控制技术基础及应用[M]. 北京：中国电力出版社，2011.
[2] 徐宏. 基于 DSP 的永磁同步伺服系统的研究[D]. 大连理工大学硕士论文，2006.
[3] 王玉梅，等. 电动机控制与变频调速[M]. 北京：中国电力出版社，2011.
[4] 王立乔，等. 电力传动与调速控制系统及应用[M]. 北京：化学工业出版社，2017.
[5] 秦曾煌. 电工学简明教程（第 3 版）[M]. 北京：高等教育出版社，2015.
[6] 张莉，张绪光. 电工技术[M]. 北京：北京大学出版社，2014.
[7] 姚融融，胡志华，戴光世. 电机拖动基础及机械特性仿真[M]. 北京：中国电力出版社，2013.
[8] 郭丙君. 电机与电力拖动[M]. 上海：华东理工大学出版社，2013.
[9] 孙屹刚. 风力发电技术及其 MATLAB 与 Bladed 仿真[M]. 北京：电子工业出版社，2013.
[10] 张学敏，等. MATLAB 基础及应用（第 2 版）[M]. 北京：中国电力出版社，2011.
[11] 赵博，等. Ansoft 12 在工程电磁场中的应用[M]. 北京：中国水利水电出版社，2012.
[12] 刁统山. 新型永磁双馈发电机及其控制策略研究[D]. 山东大学，2013.
[13] 赵军伟. 异步启动永磁同步电动机齿槽转矩的研究[D]. 山东大学，2012.
[14] 薛年喜. MATLAB 在数字信号处理中的应用[M]. 北京：清华大学出版社，2003.
[15] 丁玉美，高西全. 数字信号处理[M]. 西安：西安电子科技大学出版社，2001.
[16] 李维波. MATLAB 在电气工程中的应用[M]. 北京：中国电力出版社，2007.
[17] 王忠孔，段慧达，等. MATLAB 应用技术：在电气工程与自动化专业中的应用[M]. 北京：清华大学出版社，2007.
[18] 张亮，郭仕剑，等. MATLAB 7.x 系统建模与仿真[M]. 北京：人民邮电出版社，2006.
[19] 王兆安，等. 电力电子技术[M]. 北京：机械工业出版社，2007.
[20] 洪乃刚，等. 电力电子和电力拖动控制系统的 MATLAB 仿真[M]. 北京：机械工业出版社，2006.
[21] 王秀和，等. 永磁电机（第 2 版）[M]. 北京：中国电力出版社，2011.
[22] 刁统山. 风力发电技术及其仿真分析[M]. 北京：电子工业出版社，2017.
[23] 王志新，罗文广，等. 电机控制技术 [M]. 北京：机械工业出版社，2011.
[24] 安跃军，孟昭军，等. 电机系统及其计算机仿真 [M]. 北京：机械工业出版社，2014.
[25] 陈众. 电机模型分析及拖动仿真——基于 MATLAB 的现代方法 [M]. 北京：清华大学出版社，2017.
[26] 朱星波. 异步启动稀土永磁电动机启动性能的研究[D]. 浙江大学，2010.
[27] 张晓彤. 开式液体静压导轨油膜厚度控制方案的研究[D]. 哈尔滨理工大学，2007.
[28] 毛世琦. 异步电机瞬时功率控制研究[D]. 大连交通大学，2017.
[29] 孙楠. 永磁同步电机直接转矩控制仿真研究[D]. 西安科技大学，2014.

[30] 李晓峰. 无速度传感器直接转矩控制系统的研究与设计[D]. 东北大学，2010.

[31] 张丽琼. 基于矩阵变换器供电的异步电动机直接转矩控制系统研究[D]. 太原科技大学，2012.

[32] 颜渐德. 无速度传感器直接转矩控制系统的研究与实现[D]. 湘潭大学，2006.

[33] 冯倩. 基于异步电动机直接转矩控制系统的研究[D]. 西安科技大学，2009.

[34] 董长宏. 异步电动机 DTC 系统低速性能改善策略的仿真研究[D]. 大连交通大学，2007.

[35] 张庆. 直接转矩控制的异步电机调速系统仿真研究[D]. 哈尔滨理工大学，2006.

[36] 彭思齐. 基于模糊控制和DSP的异步电机直接转矩控制研究[D]. 湘潭大学，2005.

[37] 叶锦娇. 基于十二电压矢量的异步电动机直接转矩控制的仿真研究[D]. 辽宁工程技术大学，2003.

[38] 毛朝斌. 矩阵变换器的无速度传感器直接转矩控制系统的研究[D]. 湘潭大学硕士论文，2007.

[39] 向峰. 异步电机直接转矩控制技术若干问题研究. 西安电子科技大学硕士论文，2010.

[40] 齐丹平. 多相感应电机的缺相运行与控制策略研究[D]. 重庆理工大学，2010.

[41] 徐艳平，钟彦儒. 扇区细分和占空比控制相结合的永磁同步电机直接转矩控制[J]. 中国电机工程学报，2009，29(3)：102-108.

[42] 牛峰，李奎，王尧. 基于占空比调制的永磁同步电机直接转矩控制[J]. 电工技术学报，2014，29(11)：20-29.

[43] 李政学，张永昌，李正熙，等. 基于简单占空比调节的异步电机直接转矩控制[J]. 电工技术学报，2015，30(1)：72-80.

[44] 夏长亮，仇旭东，王志强，等. 基于矢量作用时间的新型预测转矩控制[J]. 中国电机工程学报，2016，36(11)：3045-3053.

[45] 郭磊磊，张兴，杨淑英，等. 一种改进的永磁同步发电机模型预测直接转矩控制方法[J]. 中国电机工程学报，2016，36(18)：5053-5061.

[46] 曹晓冬，谭国俊，王从刚，等. 三相 PWM 整流器模型预测虚拟电压矢量控制[J]. 中国电机工程学报，2014，34(18)：2926-2935.

[47] Yoshiyuki Shibata, Nuio Tsuchida, Koji Imai. Performance of induction motor with free-rotating magnets inside its rotor [J]. IEEE Transactions on Industrial Electronics, 1999，46 (3)：646-652.

[48] 刁统山，王秀和. 计及定子励磁电流变化的永磁双馈发电机零转矩控制策略[J]. 电工技术学报，2014，29(7)：173-180.

[49] 刁统山，王秀和. 永磁双馈风力发电机并网控制策略[J]. 电网技术，2013，37(8)，2278-2283.

[50] 储剑波. 驱动空调压缩机的永磁同步电动机的控制技术研究[D]. 南京航空航天大学，2010.

[51] 罗伟伟. 双馈风力发电机的直接功率控制技术研究[D]. 安徽理工大学，2009.

[52] 陈哲. 交流提升机直接转矩控制技术研究[D]. 兰州理工大学，2011.

[53] Zhang Yongchang, Xie Wei, Li Zhengxi, et al. Low-complexity model predictive power control double-vector-based approach[J]. IEEE Transactions on Industrial Electronics, 2014, 61(11): 5871-5880.

[54] Yoshiyuki Shibata, Nuio Tsuchida, Koji Imai. High torque induction motor with rotating magnets in the rotor[J]. Electrical Engineering in Japan, 1996, 117(3): 102-109.

[55] Tadashi Fukami, Kenichi Nakagawa, Ryoichi Hanaoka, et al. Nonlinear modelling of a permanent-magnet induction machine [J]. Electrical Engineering in Japan, 2003, 144 (1): 58-67.

[56] 冯浩,刘玉军,钟德,等. 双转子异步电动机研究[J]. 中小型电机, 2002, 29(1): 19-22.

[57] Noguchi T, Tomiki H, Kondo S, et al. Direct power control of PWM converter without power-source voltage sensors [J]. IEEE Transactions on Industry Applications, 1998, 34(6): 473-479.

[58] 郑灼. 永磁同步电机瞬时功率控制[J]. 中国电机工程学报, 2007, 27(15): 38-42.

[59] 储剑波,胡育文,黄文新,等. 永磁同步电机直接功率控制基本原理[J]. 电工技术学报, 2009, 24(10): 21-26.

[60] 徐彬,杨丹,王旭,等. 电压型PWM整流器模糊逻辑功率预测控制策略[J]. 电机与控制学报, 2011,8(14): 52-57.

[61] 刁统山,王秀和. 永磁感应电机直接功率控制[J]. 电机与控制学报, 2013, 17(4), 12-18.

[62] 易永仙,沈秋英,周玉,等. 双转子感应电机性能研究[J]. 电工电气, 2017, (10): 30-33.